高等职业教育教学用书

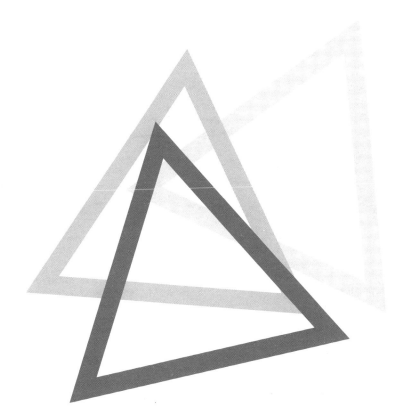

高等应用数学习题集

GAODENG YINGYONG SHUXUE XITIJI

主　编　邓瑞娟　黄家云

副主编　李艳午　刘有新　胡克弟
　　　　施吕蓉　陈倩倩

参　编　孔生林　谢　超　吕　嫄
　　　　袁　力　熊梦迟

新形态
教材

中国教育出版传媒集团

高等教育出版社·北京

内容提要

本书是高等职业教育质量工程项目成果《高等应用数学》的配套习题集。

本书包括微积分、线性代数、概率论与统计初步、离散数学 4 个模块,共计 15 章内容。本书根据主教材各章节的学习要求和教学重点设置题目,使学生能从数学的理论、方法、技能 3 个方面得到基本训练,培养学生运用高等数学知识分析并解决实际问题的能力。

本书为新形态教材,以二维码链接形式提供了疑难解析、拓展练习等资源,满足不同学生的学习需求。

本书可作为高等职业教育高等数学课程教辅,也可作为专升本的教辅。

图书在版编目(CIP)数据

高等应用数学习题集 / 邓瑞娟,黄家云主编.

北京 : 高等教育出版社,2024. 8. -- ISBN 978-7-04
-062860-9

Ⅰ. 029 - 44

中国国家版本馆 CIP 数据核字第 2024VD8242 号

策划编辑	田一彤	**责任编辑**	谢永铭 田一彤	**封面设计**	张文豪	**责任印制** 高忠富

出版发行	高等教育出版社	网　　址	http://www.hep.edu.cn
社　　址	北京市西城区德外大街 4 号		http://www.hep.com.cn
邮政编码	100120	网上订购	http://www.hepmall.com.cn
印　　刷	上海新艺印刷有限公司		http://www.hepmall.com
开　　本	787 mm×1092 mm　1/16		http://www.hepmall.cn
印　　张	8		
字　　数	192 千字	版　　次	2024 年 8 月第 1 版
购书热线	010 - 58581118	印　　次	2024 年 8 月第 1 次印刷
咨询电话	400 - 810 - 0598	定　　价	69.00 元(含习题集)

目 录 contents

第1章 函数、极限和连续性

练习题 1.1 ······ 1

练习题 1.2 ······ 3

练习题 1.3 ······ 4

练习题 1.4 ······ 5

练习题 1.5 ······ 6

练习题 1.6 ······ 7

本章测试题 ······ 9

第2章 导数与微分

练习题 2.1 ······ 11

练习题 2.2 ······ 12

练习题 2.3 ······ 15

本章测试题 ······ 17

第3章 导数的应用

练习题 3.1 ······ 19

练习题 3.2 ······ 20

练习题 3.3 ······ 21

练习题 3.4 ······ 22

练习题 3.5 ······ 23

练习题 3.6 ······ 24

本章测试题 ······ 25

第4章 不定积分

练习题 4.1 ······ 29

练习题 4.2 ······ 30

练习题 4.3 ······ 31

练习题 4.4 ······ 33

本章测试题 ······ 35

第5章 定积分

练习题 5.1 ······ 39

练习题 5.2 ······ 39

练习题 5.3 ······ 40

练习题 5.4 ······ 41

练习题 5.5 ······ 42

本章测试题 ······ 43

第6章 常微分方程

练习题 6.1 ······ 47

练习题 6.2 ······ 48

练习题 6.3 ······ 49

练习题 6.4 ······ 50

练习题 6.5 ······ 50

本章测试题 ···································· 51

第7章 无穷级数
练习题 7.1 ···································· 53
练习题 7.2 ···································· 54
练习题 7.3 ···································· 55
练习题 7.4 ···································· 56
本章测试题 ···································· 57

第8章 多元函数微积分
练习题 8.1 ···································· 59
练习题 8.2 ···································· 61
练习题 8.3 ···································· 63
练习题 8.4 ···································· 64
本章测试题 ···································· 65

第9章 行列式
练习题 9.1 ···································· 67
练习题 9.2 ···································· 68
练习题 9.3 ···································· 69
练习题 9.4 ···································· 70
本章测试题 ···································· 71

第10章 矩阵和线性方程组
练习题 10.1 ···································· 73
练习题 10.2 ···································· 74
练习题 10.3 ···································· 75
练习题 10.4 ···································· 77

本章测试题 ···································· 79

第11章 随机事件及其概率
练习题 11.1 ···································· 81
练习题 11.2 ···································· 82
练习题 11.3 ···································· 83
练习题 11.4 ···································· 84
本章测试题 ···································· 85

第12章 随机变量及其概率分布和数字特征
练习题 12.2 ···································· 87
练习题 12.3 ···································· 88
练习题 12.4 ···································· 89
练习题 12.5 ···································· 89
练习题 12.6 ···································· 90
本章测试题 ···································· 91

第13章 数理统计初步
练习题 13.1 ···································· 95
练习题 13.2 ···································· 96
练习题 13.3 ···································· 97
练习题 13.4 ···································· 98
本章测试题 ···································· 99

第14章 二元关系与数理逻辑
练习题 14.1 ···································· 101
练习题 14.2 ···································· 103
练习题 14.3 ···································· 104

练习题 14.4 ·· 105

练习题 14.5 ·· 106

本章测试题 ·· 107

第 15 章　图论基础

练习题 15.1 ·· 109

练习题 15.2 ·· 111

练习题 15.3 ·· 112

练习题 15.4 ·· 113

练习题 15.5 ·· 114

练习题 15.6 ·· 115

练习题 15.7 ·· 116

本章测试题 ·· 117

习题集参考答案 ··· 119

第1章
函数、极限和连续性

练习题 1.1

1. 求下列函数的定义域.

(1) $y = \sqrt{x-1} + \dfrac{1}{\sqrt{2-x}}$;

(2) $y = \begin{cases} x+1, & -3 \leqslant x \leqslant 0, \\ x, & 0 < x \leqslant 1, \\ x-1, & 1 < x \leqslant 2; \end{cases}$

(3) 设函数 $f(x)$ 的定义域为 $[-1, 2]$,试求函数 $F(x) = f(2x) + f(2+x)$ 的定义域.

疑难解析

2. 设 $f(x) = x + \dfrac{1}{x+1}$,求 $f(0)$,$f(1)$,$f(x_0^2)$,$f(x_0+1)$ 的值.

3. 判断下列函数的奇偶性.

(1) $y = x^3 \cos x$;

(2) $y = \ln \dfrac{1+x}{1-x}$.

4. 指出下列复合函数的复合过程.

(1) $y = \sin x^2$;

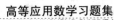

(2) $y = \sin^2 x$;

(3) $y = \ln(\sin\sqrt{x})$.

5. 设 $f(x) = \begin{cases} 1, & |x| \leqslant 1, \\ 0, & |x| > 1, \end{cases}$ 求 $f[f(x)]$.

6. 为促进资源节约型和环境友好型社会建设,引导居民合理用电、节约用电,某城市采用阶梯电价的收费方式,即每户月用电量不超过 200 kW·h 的部分按 0.6 元/(kW·h)收费,超过 200 kW·h 的部分按 1.2 元/(kW·h)收费.设某用户的用电量为 x(单位: kW·h),对应电费为 y(单位:元).

(1) 请写出 y 关于 x 的函数解析式;

(2) 某居民本月的用电量为 230 kW·h,求此用户本月应缴纳的电费.

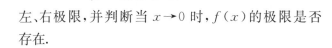

练习题 1.2

1. 观察下列数列,思考当 $n \rightarrow \infty$ 时 a_n 的变化趋势,对于收敛数列,求出其极限.

    (1) $a_n = 3 + \dfrac{1}{n}$;   (2) $a_n = \dfrac{n+1}{n-1}$;

    (3) $a_n = n + \dfrac{1}{n}$.

2. 设 $f(x) = \begin{cases} x+1, & x \leqslant 0, \\ x-1, & x > 0, \end{cases}$ 求当 $x \rightarrow 0$ 时 $f(x)$ 的左、右极限,并判断当 $x \rightarrow 0$ 时,$f(x)$ 的极限是否存在.

拓展练习

3. 当 $x \rightarrow 0$ 时,下列函数的极限是否存在,若存在求出其极限值,若不存在说明理由.

    (1) $f(x) = 2^{\frac{1}{x}}$;   (2) $f(x) = \ln |x|$.

练习题 1.3

1. 求下列极限.

(1) $\lim\limits_{x \to 1} \dfrac{x-2}{x+1}$;

(2) $\lim\limits_{x \to 2} \dfrac{x^2+x-6}{x^2-4}$;

(3) $\lim\limits_{x \to -1} \dfrac{x+1}{x^2-1}$;

(4) $\lim\limits_{x \to \infty} \dfrac{x^3-3x+5}{x^5+4x^2+2x}$;

(5) $\lim\limits_{x \to 1}\left(\dfrac{1}{1-x} - \dfrac{3}{1-x^3}\right)$;

(6) $\lim\limits_{x \to \infty}(\sqrt{x^2+1} - \sqrt{x^2-1})$.

疑难解析

2. 如果 $\lim\limits_{x \to 1} \dfrac{x^2+ax+b}{x-1} = 4$，求 a，b 的值.

练习题 1.4

1. 求下列极限.

(1) $\lim\limits_{x \to 1} \dfrac{\sin(x-1)}{\tan(x-1)}$;

(2) $\lim\limits_{x \to 0} \dfrac{\sin mx}{nx}(n \neq 0)$;

(3) $\lim\limits_{x \to 0} \dfrac{1-\cos 2x}{x \sin x}$;

(4) $\lim\limits_{n \to +\infty} \sqrt{n}\, \sin \dfrac{1}{\sqrt{n}}$.

2. 求下列极限.

(1) $\lim\limits_{x \to \infty}\left(1-\dfrac{2}{x}\right)^{x}$;

(2) $\lim\limits_{x \to 0}(1+2x)^{\frac{3}{x}}$;

(3) $\lim\limits_{x \to \infty}\left(\dfrac{2-x}{3-x}\right)^{x+3}$.

3. (1) 已知 $\lim\limits_{x \to \infty}\left(\dfrac{x+2a}{x-a}\right)^{x} = 8$, 求 $a = ?$

(2) 已知 $f(x) = \lim\limits_{t \to \infty}\left(1+\dfrac{x}{t}\right)^{t}$, 有 $x \neq 0$. 求 $f(\ln 2)$.

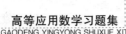
 练习题 1.5

1. 证明当 $x \to \infty$ 时，$\alpha = \dfrac{1}{x}$ 与 $\beta = \sin \dfrac{1}{2x}$ 为同阶无穷小量.

拓展练习

2. 利用等价无穷小量的性质，求下列极限.

(1) $\lim\limits_{x \to 0} \dfrac{x \tan 2x}{1 - \cos x}$;

(2) $\lim\limits_{x \to 0} \dfrac{1 - \cos 2x}{\ln(1 + x^2)}$;

(3) $\lim\limits_{x \to 0} \dfrac{\sin x - \tan x}{x^3}$;

(4) $\lim\limits_{x \to 0} \dfrac{\sqrt[3]{1+x} - 1}{\tan 2x}$;

(5) $\lim\limits_{x \to 1} \dfrac{\sin(x^3 - 1)}{x - 1}$.

3. 设 $f(x) = \begin{cases} \dfrac{x^2 - 1}{x - 1}, & x < 1, \\ \dfrac{\sin(x - 1)}{x - 1}, & x > 1, \end{cases}$ 求 $f(1^-)$ 和 $f(1^+)$.

练习题 1.6

1. 判断下列函数的间断点并指出其间断点类型.

(1) $f(x) = \begin{cases} x-1, & x<0, \\ 0, & x=0, \\ x+1, & x>0; \end{cases}$

拓展练习

(2) $f(x) = \dfrac{x-1}{x^2-5x+4}$;

(3) $f(x) = \begin{cases} 2x+1, & x>0, \\ x-1, & x\leqslant 0; \end{cases}$

(4) $f(x) = \dfrac{2}{x^2+2x-3}$.

2. 证明方程 $x^5-3x=1$ 至少有一个根介于 1 和 2 之间.

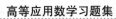
3. 设 $f(x) = \begin{cases} e^x, & x < 0, \\ a+x, & x \geqslant 0, \end{cases}$ 当 a 为何值时，$f(x)$ 在 $(-\infty, +\infty)$ 内连续.

4. 已知 $f(x) = \dfrac{1}{(x+1)(x-2)}$，试指出其连续区间并求 $\lim\limits_{x \to 1} f(x)$ 的值.

本章测试题

1. 填空题

(1) 函数 $y = \dfrac{1}{\sqrt{4-x}} + \arccos\dfrac{x-1}{5}$ 的定义域为_____.

(2) 函数 $y = \sin^3(3x+2)$ 是由_____复合而成的.

(3) $\lim\limits_{x \to 0} \dfrac{\sqrt{1-x}-1}{x} = $_____.

(4) $\lim\limits_{n \to +\infty} \dfrac{3^n + 5^n}{2^n - 5^n} = $_____.

(5) $\lim\limits_{x \to 0} \dfrac{\tan nx}{\tan mx} = $_____.

(6) $\lim\limits_{x \to 0}(1-2x)^{\frac{1}{x}} = $_____.

(7) 函数 $y = \dfrac{x^2-1}{(x-1)(x-2)}$ 的连续区间为_____, $x = $ _____是第一类间断点, $x = $ _____是第二类间断点.

(8) 已知 $\lim\limits_{x \to \infty}\left(\dfrac{x^2-1}{x-1} + ax + b\right) = 2$, 则常数 $a = $ _____, $b = $ _____.

2. 单项选择题

(1) 下列关于数列的叙述中,不正确的是( ).

A. 数列 $\dfrac{1}{2}$, $\dfrac{1}{2^2}$, $\dfrac{1}{2^3}$, $\cdots$, $\dfrac{1}{2^n}$, $\cdots$收敛于 0

B. 数列 $\dfrac{1}{2}$, $\dfrac{2}{3}$, $\dfrac{3}{4}$, $\cdots$, $\dfrac{n}{n+1}$, $\cdots$收敛于 1

C. 数列 2, $\sqrt{2}$, $\sqrt[3]{2}$, $\cdots$, $\sqrt[n]{2}$, $\cdots$收敛于 0

D. 数列 $\sin 1$, $\sin\dfrac{1}{2}$, $\sin\dfrac{1}{3}$, $\cdots$, $\sin\dfrac{1}{n}$, $\cdots$收敛于 0

(2) $\lim\limits_{x \to 0}\left(x\sin\dfrac{1}{x} - \dfrac{1}{x}\sin x\right) = $( ).

A. -1 B. 1 C. 0 D. 不存在

3. 已知 $f(x) = \begin{cases} x-1, & x < 0, \\ x^2+2, & 0 \leqslant x < 3, \\ 3x+1, & x \geqslant 3, \end{cases}$ 求 $f(-1)$, $f(0)$, $f(2)$, $f(5)$的值.

4. 指出函数 $y = \arctan^2(\sqrt{x+1})$ 由哪些简单函数复合而成.

5. 已知 $\lim\limits_{x \to 2} \dfrac{x^2 + ax + b}{x^2 - 3x + 2} = 3$，求常数 a，b.

疑难解析

6. 求下列极限.

(1) $\lim\limits_{x \to 1}\left(\dfrac{2}{x^2 - 1} - \dfrac{1}{x - 1}\right)$;

(2) $\lim\limits_{x \to 0} \dfrac{\tan 3x}{\sin 2x}$;

(3) $\lim\limits_{x \to 0} x^2 \sin \dfrac{1}{x}$;

(4) $\lim\limits_{x \to \infty}\left(\dfrac{1 + x}{x}\right)^{2x}$;

(5) $\lim\limits_{x \to +\infty} x(\sqrt{x^2 + 1} - x)$.

7. 设函数 $f(x) = \begin{cases} 3x + 2, & x \leqslant 0, \\ x^2 + 1, & 0 < x \leqslant 1, \\ 3 - x, & x > 1, \end{cases}$ 请分别讨论 $x \to 0$，$x \to 1$ 及 $x \to 2$ 时 $f(x)$ 的极限是否存在.

第2章
导数与微分

 练习题2.1

1. 求下列函数在指定点处的导数.

(1) $y = 2^x$, $x_0 = -1$;　　　　(2) $y = \ln x$, $x_0 = \dfrac{1}{e}$.

2. 求下列函数的导数.

(1) $f(x) = \sqrt{x}$;　　　　　(2) $f(x) = \dfrac{1}{x^2}$;

(3) $f(x) = \left(\dfrac{1}{3}\right)^x$;　　　　(4) $f(x) = \log_2 x$.

3. 在抛物线 $f(x) = x^2$ 上求一点,使得该点处的切线平行于直线 $y = 4x - 1$.

4. 为了使函数 $f(x) = \begin{cases} x^2, & x \leqslant 1, \\ ax + b, & x > 1, \end{cases}$ 在 $x = 1$ 处连续且可导, a, b 应取什么值?

5. 设 $f'(x_0)$ 存在,求 $\lim\limits_{h \to 0} \dfrac{f(x_0 + h) - f(x_0 - h)}{h}$.

疑难解析

练习题 2.2

1. 求下列函数的导数.

（1）$y = x^6 + 6x^2 - 3x$；

（2）$y = \dfrac{1}{x} - \dfrac{3}{x^3}$；

（3）$y = x^2 \ln x$；

（4）$y = (x^2 + x)(2x - 3)$；

（5）$y = \dfrac{2x - 1}{x + 1}$；

（6）$y = \dfrac{\ln x}{1 - x}$.

2. 求下列函数的导数.

（1）$y = \ln(\cos x)$；

（2）$y = \sin(x^2 + x)$；

（3）$y = \sin^2 3x$；

（4）$y = \mathrm{e}^{2x+1}$；

（5）$y = x^{\sin x}$，$x > 0$；

（6）$y = \sqrt{\dfrac{(x-1) \cdot (x+2)}{(x-3) \cdot (x+4)}}$.

3. 求由下列方程所确定的函数 $y = f(x)$ 的导数 y'.

(1) $x^2 + xy + y^2 = 5$; (2) $ye^x + \ln y - 2 = 0$.

4. 求由下列参数方程所确定的函数 $y = f(x)$ 的导数 y'.

(1) $\begin{cases} x = 1 + t^2, \\ y = t + t^3; \end{cases}$ (2) $\begin{cases} x = \dfrac{t+1}{t}, \\ y = \dfrac{t-1}{t}. \end{cases}$

5. 设 $f(x)$ 可导,求下列函数的导数.

(1) $y = f(x^2)$;

疑难解析

(2) $y = f\left(\dfrac{1}{x}\right)$.

6. 求下列函数的高阶导数.

(1) $y = 3x^5 - 2x^4 + x$,求 $y^{(4)}$;

（2）$y = x \ln x$，求 y'''；

（3）$y = e^{3x}$，求 $y^{(20)}$；

（4）$y = x^2 e^{2x}$，求 y''.

7. 求函数 $y = a^{-x}$ 的 n 阶导数.

疑难解析

![练习题图标] **练习题 2.3**

1. 已知 $y = x^2$，试计算在 $x = 1$ 处，当 $\Delta x = 0.1$ 和 0.01 时的 Δy 与 $\mathrm{d}y$.

2. 求下列函数的微分.

（1）$y = \dfrac{1}{x} + 2\sqrt{x}$;   （2）$y = x\sin 3x$;

（3）$y = x\ln x - x$;   （4）$y = \dfrac{x}{1 - x^2}$;

（5）$y = x^3 \mathrm{e}^{2x}$;   （6）$y = \arctan(2x)$.

3. 利用微分求近似值.

（1）$\ln 1.1$;

（2）$\sqrt{26}$;

（3）$\cos 29°$.

疑难解析

4. 填空题.

（1）$d(\quad) = 2dx$；

（2）$d(\quad) = \dfrac{1}{\sqrt{x}}dx$；

（3）$d(\quad) = e^{2x}dx$；

（4）$d(\quad) = \sin \omega dx$；

（5）$d(\quad) = \dfrac{1}{1+x^2}dx$；

（6）$d(\quad) = (3x+1)dx$.

5. 一种钢珠的半径为 $1\ cm$，为了增强其表面耐磨性，要在它的表面均匀地镀上一层铬，镀层的厚度为 $0.01\ cm$.如果一个电镀槽要一次性给 $10\ 000$ 个钢珠电镀，大约需要投入多少克铬粉末(已知铬的密度为 $7.2\ g/cm^3$)？

本章测试题

1. 填空题

(1) 若极限 $\lim\limits_{\Delta x \to 0} \dfrac{f(x_0 + \Delta x) - f(x_0)}{3\Delta x} = A$，则 $f'(x_0) = $ _____.

(2) 若 $f(x) = x(x-1)(x-2)(x-3)(x-4)$，则 $f'(0) = $ _____.

(3) 已知 $f(x) = a_0 x^n + a_1 x^{n-1} + \cdots + a_{n-1} x + a_n$，则 $\left[f(0) \right]' = $ _____，$f'(0) = $ _____.

(4) 若 $y = \ln(\sin x)$，则 $y' \big|_{x = \frac{\pi}{4}} = $ _____.

(5) 曲线 $y = x \ln x$ 在点 (e, e) 处的切线方程为 _____.

(6) $\mathrm{d}(\quad) = \cos x \, \mathrm{d}x$.

(7) $\mathrm{d}(\quad) = \dfrac{\mathrm{d}x}{\sqrt{x}}$.

(8) $\mathrm{d} e^{\sin x^2} = e^{\sin x^2} \mathrm{d}(\quad) = (\quad) \mathrm{d}(x^2) = (\quad) \mathrm{d}x$.

(9) 若 $y = x^2 + 2^x + e^2$，则 $\mathrm{d}y = $ _____.

2. 单项选择题

(1) 已知 $\lim\limits_{h \to 0} \dfrac{f(x_0 + 2h) - f(x_0)}{h} = k f'(x_0)$，由导数的定义确定系数 $k = (\quad)$.

A. 1　　　　B. 2　　　　C. 3　　　　D. 4

(2) 当 $|x| \ll 1$ 时,应用微分可得在工程计算中常用的近似公式,其中不正确的是( ).

A. $\sqrt{1+x} \approx 1 + \dfrac{1}{2} x$　　　　B. $\sin x \approx x$

C. $\cos x \approx x$　　　　D. $\ln(1+x) \approx x$

(3) 下列说法正确的是( ).

A. 可导一定连续　　　　B. 连续一定可导

C. 可导不一定可微　　　　D. 可微不一定连续

(4) 曲线 $y = \ln(1+x)$ 的二阶导数 $y''(0) = (\quad)$.

A. 1　　　　B. -1　　　　C. 0　　　　D. 2

(5) 曲线 $y = x^3$ 在点 $(1,1)$ 点处的切线方程为( ).

A. $y = 3x - 2$　　　　B. $y = 3x + 2$

C. $y = -3x + 2$　　　　D. $y = -3x - 2$

(6) 求 $y = x^2$ 在 $x = -1$ 处的微分 $\mathrm{d}y = (\quad)$.

A. 2　　　　B. -2　　　　C. $-2\mathrm{d}x$　　　　D. $2\mathrm{d}x$

(7) 曲线 $y = x^2$ 在点 $(1,1)$ 处的法线方程为( ).

A. $x + 2y - 3 = 0$　　　　B. $2x - y - 3 = 0$

C. $2x + y - 3 = 0$　　　　D. $x - 2y + 3 = 0$

(8) 求 $y = \ln x$ 在 $x = \dfrac{1}{2}$ 处的微分 $\mathrm{d}y = (\quad)$.

A. 2　　　　B. -2　　　　C. $-2\mathrm{d}x$　　　　D. $2\mathrm{d}x$

3. 解答题

(1) 求复合函数 $y = \ln(\tan x)$ 的导数.

（2）求函数 $y = e^{1-3x} \cos 2x$ 的微分.

（3）已知 $y = \sin \dfrac{2x}{1+x^2}$，求 y'.

（4）利用微分求 $\sqrt{4.2}$ 的近似值.

（5）求解 $y = e^{ax}$ 关于 x 的 n 阶导数.

（6）求由方程 $x + y - e^{xy} = 0$ 确定的隐函数 $y = f(x)$ 的导数及微分.

（7）求由 $\ln\sqrt{x^2+y^2} = \arctan \dfrac{y}{x}$ 所确定的隐函数 y 的导数 y' 及 dy.

（8）已知 $f(x) = (1+x^2)\arctan x$，求 $f'(x)$ 和 dy.

（9）已知 $y = \ln(x + \sqrt{x^2+1})$，求 dy.

第 3 章
导数的应用

练习题 3.1

1. 验证函数 $f(x) = x^2 - 2x + 3$ 在区间 $[-1, 3]$ 上满足罗尔定理的条件，并求出定理结论中的 ξ.

2. 设 $f(x) = (x+1)(x-1)(x-2)(x-3)$，证明方程 $f'(x) = 0$ 有 3 个实根，并指出 3 个实根所在区间.

3. 证明函数 $f(x) = Ax^2 + Bx + C$，对任意区间满足拉格朗日中值定理结论的 ξ 总位于该区间的中点.

4. 证明：$|\sin x_2 - \sin x_1| \leqslant |x_2 - x_1|$.

疑难解析

5. 设函数 $f(x)$ 在 $\left[0, \dfrac{1}{2}\right]$ 上连续，在 $\left(0, \dfrac{1}{2}\right)$ 内可导，且 $f\left(\dfrac{1}{2}\right) = 0$，证明：至少存在一点 $\xi \in \left(0, \dfrac{1}{2}\right)$，使得 $f(\xi)\cos\xi + f'(\xi)\sin\xi = 0$ 成立.

疑难解析

6. 已知函数 $f(x)$ 在 $(0, +\infty)$ 内可导，且 $xf'(x) + 2f(x) = 0$，证明：函数 $x^2 f(x)$ 在 $(0, +\infty)$ 内恒为常数.

练习题 3.2

1. 求下列极限.

(1) $\lim\limits_{x \to \pi} \dfrac{1 + \cos x}{\tan^2 x}$;

(2) $\lim\limits_{x \to 0} \dfrac{\mathrm{e}^x - \mathrm{e}^{-x}}{\sin x}$;

(3) $\lim\limits_{x \to +\infty} \dfrac{\ln x}{x}$;

(4) $\lim\limits_{x \to +\infty} \dfrac{\mathrm{e}^x}{x^3}$;

(5) $\lim\limits_{x \to 0} \dfrac{\mathrm{e}^x - \sqrt{1 + 2x}}{\ln(1 + x^2)}$;

(6) $\lim\limits_{x \to 1} x^{\frac{1}{1-x}}$;

(7) $\lim\limits_{x \to 0} \left(\dfrac{1}{x} - \dfrac{1}{\mathrm{e}^x - 1} \right)$.

疑难解析

📇 **练习题 3.3**

1. 确定下列函数的单调区间.

(1) $y = x^3 + 2x + 1$;

(2) $y = 2x^3 - 6x^2 - 18x - 7$;

(3) $y = \dfrac{10}{4x^3 - 9x^2 + 6x}$.

2. 计算下列函数的极值.

(1) $y = -x^4 + 2x^2$;

(2) $y = x + \sqrt{1-x}$;

(3) $y = 2x^3 - 6x^2 - 18x - 7$.

 练习题 3.4

1. 求下列函数在给定区间上的最值.

(1) $y = \ln(4 + x^2)$, $x \in [-2, 5]$;

(2) $y = \sqrt{10 - 5x}$, $x \in [-3, 2]$;

(3) $y = x^4 - 2x^2$, $x \in [-3, 2]$.

2. 高铁体现了中国装备制造业的水平,是一张亮丽的名片.截至 2023 年底,我国铁路营业里程达到 159 000 km,其中高铁达到 45 000 km.已知甲、乙两个城市相距 1 328 km,假设高铁列车从甲地匀速行驶到乙地,速度不超过 350 km/h.高铁列车每小时运输成本(单位:元)由可变和固定成本组成,可变成本与速度 x(单位:km/h)的平方成正比(其中比例系数为 $\frac{1}{5}$),固定成本为 10 125 元.

疑难解析

(1) 写出全程运输成本 y(单位:元)关于速度 x(单位:km/h)的函数表达式,并指出函数的定义域;

(2) 当高铁列车速度(单位:km/h)大约为多少时,全程运输成本(单位:元)最小.

3. 用 12 m 长的铝合金型材,做一个"日"字形窗框,问长和宽分别为多少时才能使窗户的透光面积最大?

4. 把一根直径为 d 的圆木锯成截面为矩形的梁.问矩形截面的高 h 和宽 b 分别为多少时才能使梁的抗弯截面模量 $W = \frac{1}{6}bh^2$ 最大?

练习题 3.5

1. 判断题.

(1) 若 $(x_0, f(x_0))$ 为曲线 $y=f(x)$ 的拐点,则必有 $f''(x_0)=0$.
                                                    (　　)

(2) 若 $f''(x_0)=0$,则 $(x_0, f(x_0))$ 必为曲线 $y=f(x)$ 的拐点.
                                                    (　　)

(3) 对于平面曲线,若在一连续区间上,曲线总位于它每一点的
切线的上方,则曲线在该区间是凹的.   (　　)

2. 求下列函数的拐点及凹区间或凸区间.

(1) $y=x^3-5x^2+3x+1$;

(2) $y=x+\dfrac{1}{x}$;

(3) $y=(x-2)^{\frac{5}{3}}$;

(4) $y=x e^{-x}$.

***3.** 求函数 $y=2+\dfrac{x+1}{x^2}$ 的渐近线.

疑难解析

练习题 3.6

1. 设生产某种商品的收益函数为 $R = 200Q - 0.01Q^2$，求生产 100 个单位产品时的总收益、平均收益和边际收益.

2. 已知芜湖某外贸加工企业加工某产品的成本函数为 $C = 2\,000 + 8Q + 0.1Q^2$.

（1）求边际成本函数；

（2）已经生产了 50 个单位产品，请估计生产第 51 个产品所需要增加的成本.

3. 已知某奢侈品的需求函数为 $Q = 80 - P^2$，求：

（1）$P = 5$ 时的边际需求，解释其经济含义；

（2）$P = 5$ 时的需求弹性，解释其经济含义.

本章测试题

1. 判断题

(1) 若 $f(x)$ 在 $(a，b)$ 内可导且单调递增,则必有 $f'(x) > 0$.
　　　　　　　　　　　　　　　　　　　　　　　　　(　)

(2) 若 $f'(x) > 0$,则 $f(x) > 0$.　　　　　　　　　(　)

(3) 若 $f''(x) = 0$,则 $(x_0，f(x_0))$ 必为曲线 $y = f(x)$ 的拐点.
　　　　　　　　　　　　　　　　　　　　　　　　　(　)

(4) 函数 $f(x)$ 在 $(a，b)$ 内的极大值必定大于其极小值.　(　)

2. 填空题

(1) 函数 $f(x) = \ln x$ 在 $[1，e]$ 上满足拉格朗日中值定理条件,则 $(1，e)$ 内存在一点 $\xi = $ _____,使得 $f(e) - f(1) = f'(\xi)(e - 1)$.

(2) $\lim\limits_{x \to 0} \dfrac{\ln(\cos x)}{x^2} = $ _____.

(3) $\lim\limits_{x \to 0} \dfrac{\ln(\cos \alpha x)}{\ln(\cos \beta x)} = $ _____. $(\alpha\beta \neq 0)$

(4) 若 $f(x)$ 在 $(a，b)$ 内可导,则 $f'(x) > 0$ 是 $f(x)$ 在 $(a，b)$ 内单调_____的_____条件.

(5) 曲线 $f(x) = e^{-x^2}$ 的凸区间为_____.

(6) 函数 $f(x) = 2 + 2\cos x$ 在区间 $\left[0，\dfrac{\pi}{2}\right]$ 上的最大值为_____.

(7) 曲线 $f(x) = x e^x$ 的拐点为_____.

(8) 若点 $(1，(a-b)^3)$ 为曲线 $y = (ax - b)^3$ 的拐点,则 $a，b$ 应满足的关系是_____.

3. 单项选择题

(1) 下列函数在 $[-1，1]$ 上满足罗尔定理条件的是(　).

　A. $y = e^x$

　B. $y = \ln |x|$

　C. $y = x^2 - 1$

　D. $y = \dfrac{1}{1 - x^2}$

(2) 已知 $f(x) = x \ln x$,则 $f(x)$(　).

　A. 在 $\left(0，\dfrac{1}{e}\right)$ 内单调递减

　B. 在 $\left(\dfrac{1}{e}，+\infty\right)$ 内单调递减

　C. 在 $(0，+\infty)$ 内单调递减

　D. 在 $(0，+\infty)$ 内单调递增

(3) 曲线 $y = x^3 - 12x + 1$ 在区间 $(0，2)$ 内(　).

　A. 凸且单调递增

　B. 凸且单调递减

　C. 凹且单调递增

　D. 凹且单调递减

(4) 下列函数中,在给定的区间上满足罗尔定理条件的是(　).

　A. $f(x) = x \ln(2 - x)，x \in [0，1]$

　B. $f(x) = \dfrac{1}{x - 1}，x \in [0，2]$

　C. $f(x) = x e^{-x}，x \in [0，1]$

　D. $f(x) = |x - 1|，x \in [0，2]$

(5) 函数 $f(x)=x^2+2x$ 在区间 $[0,1]$ 上满足拉格朗日中值定理条件,则定理结论中的 $\xi=($).

    A. $-\dfrac{1}{2}$ B. $\dfrac{1}{2}$

    C. $-\dfrac{1}{3}$ D. $\dfrac{1}{3}$

(6) 若 $f(x)$ 在 $x=0$ 点的邻域内具有一阶和二阶导数,且 $f'(0)=0$,又 $\lim\limits_{x\to 0}\dfrac{f'(x)}{x}=-1$,则 $f(0)$ 一定(   ).

    A. 不是的极值点

    B. 是极大值点

    C. 是极小值点

    D. 等于 0

(7) 若 a 是一个常数,则当函数 $f(x)=a\sin x+\dfrac{1}{3}\sin 3x$ 在 $x=\dfrac{\pi}{3}$ 处取得极值时,必有 $a=($).

    A. 0   B. 1

    C. 2   D. 3

(8) 若点 $(1,3)$ 是曲线 $y=ax^3+bx^2+1$ 上的一个拐点,则 a,b 的值为(   ).

    A. $a=1, b=1$

    B. $a=3, b=-1$

    C. $a=0, b=2$

    D. $a=-1, b=3$

(9) 若 $f(x)=|x(1-x)|$,则(   ).

    A. $x=0$ 是 $f(x)$ 的极值点,但 $(0,0)$ 不是曲线 $f(x)$ 的拐点

    B. $x=0$ 不是 $f(x)$ 的极值点,但 $(0,0)$ 是曲线 $f(x)$ 的拐点

    C. $x=0$ 是 $f(x)$ 的极值点,且 $(0,0)$ 是曲线 $f(x)$ 的拐点

    D. $x=0$ 不是 $f(x)$ 的极值点,$(0,0)$ 也不是曲线 $f(x)$ 的拐点

4. 求下列极限.

(1) $\lim\limits_{x\to 0}\dfrac{\sin x-x}{x^2\sin x}$;   (2) $\lim\limits_{x\to 1}\left(\dfrac{x}{x-1}-\dfrac{1}{\ln x}\right)$;

(3) $\lim\limits_{x\to 0}(1+\sin x)^{\frac{1}{x}}$.

5. 讨论下列函数的单调区间及极值.

(1) $y = x^3 - 3x^2 - 9x + 2$;

6. 讨论下列函数的凹凸性与拐点.

(1) $y = x^4 - 2x^3 - 12x^2 + x + 1$;

(2) $y = x - \sqrt[3]{x^2}$; (3) $y = x e^{-x}$.

(2) $y = \ln(x^2 + 1)$; (3) $y = e^{\arctan x}$.

7. 一个窗户的形状由一个半圆和一个矩阵构成.若要求窗户所围成的面积为 $5\ \text{m}^2$,问底部的宽 x 为多少时才能使窗户的周长最小,即制作窗户的用料最省.

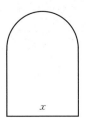

第 7 题

8. 第一象限的圆弧 $x^2+y^2=4$ 上有一点 P,设其坐标为 $(t,\sqrt{4-t^2})$,若要使该点的切线与圆弧及坐标轴所围成的图形面积最小,求点 P 的坐标和最小面积.

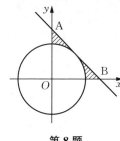

第 8 题

第4章
不定积分

 练习题 4.1

1. 判断下列函数是否是同一函数的原函数.

(1) $3x^2$ 与 $2x^3$；

(2) e^{2x} 与 $2e^x$；

(3) $\dfrac{1}{2}\sin^2 x$ 与 $-\dfrac{1}{4}\cos 2x$；

疑难解析

(4) $\ln(1+x^2)$ 与 $\dfrac{2x}{1+x^2}$.

2. 求下列不定积分.

(1) $\displaystyle\int 2x\,\mathrm{d}x$；

(2) $\displaystyle\int a^x\,\mathrm{d}x$；

(3) $\displaystyle\int \sec^2 x\,\mathrm{d}x$；

(4) $\displaystyle\int \dfrac{1}{\sqrt{1-x^2}}\,\mathrm{d}x$.

3. 已知 $f(x)$ 的一个原函数是 $\ln 2x$，求 $f'(x)$.

4. 求经过点 $(-1,2)$，且在点 (x,y) 处切线的斜率为 $4x^3$ 的曲线方程.

 练习题 4.2

1. 验证下列等式是否成立.

(1) $\int \dfrac{x}{\sqrt{1+x^2}}\,\mathrm{d}x = \sqrt{1+x^2} + C$；

(2) $\int 2x\,\mathrm{e}^{x^2}\,\mathrm{d}x = \mathrm{e}^{x^2} + C$；

(3) $\int \left(\dfrac{3}{1+x^2} - \dfrac{2}{\sqrt{1-x^2}}\right)\mathrm{d}x = 3\arctan x - 2\arcsin x + C$；

(4) $\int \mathrm{e}^x \sin x\,\mathrm{d}x = \dfrac{\mathrm{e}^x}{2}(\sin x + \cos x) + C$.

2. 求下列不定积分.

(1) $\int \dfrac{\mathrm{d}x}{x^2\sqrt{x}}$；

(2) $\int (1+\sqrt{x})^2\,\mathrm{d}x$；

(3) $\int \mathrm{e}^x\left(1 - \dfrac{\mathrm{e}^{-x}}{\sqrt{x}}\right)\mathrm{d}x$；

(4) $\int \dfrac{\mathrm{e}^{3x}+1}{\mathrm{e}^x+1}\,\mathrm{d}x$；

(5) $\int 3^x \pi^x\,\mathrm{d}x$；

(6) $\int \dfrac{\cos 2x}{\cos^2 x \sin^2 x}\,\mathrm{d}x$.

疑难解析

🔍 **练习题 4.3**

1. 在下列各式的横线上填上适当的系数，使等式成立.

(1) $\mathrm{d}x = \underline{\hspace{2cm}}\mathrm{d}(3x-1)$;

(2) $x\,\mathrm{d}x = \underline{\hspace{2cm}}\mathrm{d}(2x^2+1)$;

(3) $\dfrac{1}{x^2}\mathrm{d}x = \underline{\hspace{2cm}}\mathrm{d}\left(4+\dfrac{1}{x}\right)$;

(4) $\dfrac{1}{x}\mathrm{d}x = \underline{\hspace{2cm}}\mathrm{d}(5\ln x - 1)$;

(5) $\dfrac{1}{\sqrt{x}}\mathrm{d}x = \underline{\hspace{2cm}}\mathrm{d}(\sqrt{x}-1)$;

(6) $\sec^2 4x\,\mathrm{d}x = \underline{\hspace{2cm}}\mathrm{d}\tan 4x$;

(7) $\mathrm{e}^{-\frac{x}{3}}\mathrm{d}x = \underline{\hspace{2cm}}\mathrm{d}\left(1+\mathrm{e}^{-\frac{x}{3}}\right)$;

(8) $\dfrac{\mathrm{d}x}{1+4x^2} = \underline{\hspace{2cm}}\mathrm{d}(\arctan 2x)$.

2. 求下列不定积分.

(1) $\displaystyle\int \mathrm{e}^{-2x+1}\mathrm{d}x$;

(2) $\displaystyle\int x(1+x^2)^{100}\mathrm{d}x$;

(3) $\displaystyle\int \dfrac{\sqrt{1+2\arctan x}}{1+x^2}\mathrm{d}x$;

(4) $\displaystyle\int (x-1)\mathrm{e}^{x^2-2x}\mathrm{d}x$;

(5) $\displaystyle\int \dfrac{1}{x(1+3\ln x)}\mathrm{d}x$;

(6) $\displaystyle\int \dfrac{\sin\sqrt{x}}{\sqrt{x}}\mathrm{d}x$;

(7) $\int \tan^{10} x \cdot \sec^2 x \, dx$;

(8) $\int \cos 2x \cos 4x \, dx$;

(9) $\int \dfrac{1}{4-x^2} \, dx$;

(10) $\int \dfrac{1}{\sqrt{9-4x^2}} \, dx$.

疑难解析

3. 求下列不定积分.

(1) $\int \dfrac{dx}{1+\sqrt{2x}}$;

(2) $\int \dfrac{1}{1+\sqrt[3]{x+2}} \, dx$.

练习题 4.4

1. 求下列不定积分.

(1) $\displaystyle\int \arctan x \, dx$;

(2) $\displaystyle\int x^2 e^x \, dx$;

(3) $\displaystyle\int e^x \cos x \, dx$;

(4) $\displaystyle\int x \cos \dfrac{x}{2} \, dx$;

(5) $\int x \ln x \, dx$;

*(7) $\int e^{\sqrt{3x+9}} \, dx$;

(6) $\int x^2 \sin x \, dx$;

(8) $\int x f''(x) \, dx$.

思考题

本章测试题

1. 单项选择题

(1) 已知函数 $y = 2x + 3e^x$，则其原函数为(　　).

    A. $y = 2x^2 + 3e^x$　　　　　　　B. $y = x^2 + 3e^{3x}$

    C. $y = 2x^2 + e^{3x}$　　　　　　　D. $y = x^2 + 3e^x$

(2) 以下式子中错误的是(　　).

    A. $\int \sin x \, dx = -\cos x + C$

    B. $d\left[\int f(x) dx\right] = f(x) dx$

    C. $\int \csc^2 x \, dx = \cot x + C$

    D. $\dfrac{1}{\sqrt{x}} dx = 2d(\sqrt{x} + c)$

(3) 已知 $f'(x) = x(1 + x^2)$，且 $f(1) = 2$，则 $f(x)$ 等于(　　).

    A. $(1 + x^2)^2 - 2$

    B. $\dfrac{1}{2}(1 + x^2)^2$

    C. $\dfrac{1}{4}(1 + x^2)^2 + 1$

    D. $\dfrac{1}{4}(1 + x^2)^2 + \dfrac{1}{2}$

(4) $\int \dfrac{3}{x} dx = ($　　$)$.

    A. $-\dfrac{3}{x^2} + C$　　　　　　　B. $-3\ln|x| + C$

    C. $\dfrac{3}{x^2} + C$　　　　　　　　D. $3\ln|x| + C$

(5) $\int x\cos x^2 dx = ($　　$)$.

    A. $-2\sin x^2 + C$　　　　　　B. $-\dfrac{1}{2}\sin x^2 + C$

    C. $2\sin x^2 + C$　　　　　　　D. $\dfrac{1}{2}\sin x^2 + C$

(6) $\int x^2 e^{x^3} dx = ($　　$)$.

    A. $\dfrac{1}{3}x^2 e^{x^3} + C$　　　　　　B. $3x^2 e^{x^3} + C$

    C. $\dfrac{1}{3}e^{x^3} + C$　　　　　　　D. $3e^{x^3} + C$

(7) $\int f(x) dx = \sin 2x + C$，则 $f(x) = ($　　$)$.

    A. $-2\cos 2x$　　　　　　　B. $2\cos 2x$

    C. $-2\sin 2x$　　　　　　　D. $2\sin 2x$

(8) $\int \dfrac{1}{x^2 - a^2} dx = ($　　$)$.

    A. $\dfrac{1}{2a}\ln\left|\dfrac{x-a}{x+a}\right| + C$　　　B. $\dfrac{1}{2a}\ln\left|\dfrac{x+a}{x-a}\right| + C$

    C. $\dfrac{1}{a}\ln\left|\dfrac{x+a}{x-a}\right| + C$　　　D. $\dfrac{1}{a}\ln\left|\dfrac{x-a}{x+a}\right| + C$

2. 计算题

(1) $\int \dfrac{1}{\sqrt{2x}} dx$；

(2) $\int 2^x 3^x e^x dx$;

(3) $\int (\sqrt{x} - 1)\left(\dfrac{1}{x} + 1\right) dx$;

(4) $\int \dfrac{x - 1}{\sqrt{x} + 1} dx$;

(5) $\int \dfrac{1 + x + x^2}{x(1 + x^2)} dx$;

(6) $\int \dfrac{1}{1 - \cos 2x} dx$;

(7) $\int x \sin(x^2 + 1) dx$;

(8) $\int \dfrac{x}{\sqrt{x^2-1}}\,\mathrm{d}x$;

(11) $\int \dfrac{1}{1+\sqrt{2x}}\,\mathrm{d}x$;

(9) $\int \dfrac{1}{1-x^2}\,\mathrm{d}x$;

(12) $\int \dfrac{1}{1+\sqrt[3]{x+1}}\,\mathrm{d}x$;

*(10) $\int \sin^4 x\,\mathrm{d}x$;

(13) $\int \mathrm{e}^x \cos 2x\,\mathrm{d}x$.

疑难解析

3. 已知函数 $F(x)=\sin(x^2)+e^{3x}$，试问 $F(x)$ 是哪个函数的一个原函数？

4. 已知一物体做匀加速直线运动，在 t 时刻速度为 $v(t)=t+2$，其中 v 以 m/s 计，t 以 s 计.当 $t=1$ s 时，路程 $s(t)=3$ m，试求其路程函数 $s(t)$.

第 5 章
定积分

 练习题 5.1

1. 不计算积分,比较下列各组积分值的大小.

(1) $\int_1^2 \sin x \, dx$ 与 $\int_1^2 x \, dx$;

(2) $\int_0^1 x \, dx$ 与 $\int_0^1 x^4 \, dx$.

2. 估计下列定积分值.

(1) $\int_1^4 (1 + x^2) \, dx$;

(2) $\int_{-1}^1 e^{-x^2} \, dx$.

 练习题 5.2

1. 求下列函数的导数.

(1) $\Phi(x) = \int_0^{x^2} \dfrac{1}{\sqrt{t+1}} \, dt$;

(2) $\Phi(x) = \int_{\sqrt{x}}^x e^{t^2} \, dt$.

2. 求下列极限.

(1) $\lim\limits_{x \to 0} \dfrac{\int_0^x \cos^2 t \, dt}{x}$;

(2) $\lim\limits_{x \to 0} \dfrac{\int_0^x \arctan t \, dt}{1 - \cos 2x}$.

3. 计算下列定积分的值.

(1) $\int_4^9 \sqrt{x} \, (1 + \sqrt{x}) \, dx$;

(2) $\int_0^{2\pi} |\sin x| \, dx$.

练习题 5.3

1. 计算下列定积分的值.

(1) $\displaystyle\int_e^{e^2} \frac{\ln x}{x}dx$;

(2) $\displaystyle\int_1^4 \frac{1}{x+\sqrt{x}}dx$;

(3) $\displaystyle\int_0^8 \frac{x}{\sqrt{x+1}}dx$;

(4) $^*\displaystyle\int_0^1 \frac{1}{\sqrt{1+x^2}}dx$.

疑难解析

2. 利用函数的奇偶性计算下列定积分的值.

(1) $\displaystyle\int_{-2}^2 \frac{x(e^x+e^{-x})}{2}dx$;

(2) $\displaystyle\int_{-\frac{1}{2}}^{\frac{1}{2}} \frac{x\arcsin x}{\sqrt{1-x^2}}dx$.

3. 计算下列定积分的值.

(1) $\int_0^{\frac{1}{2}} \arcsin x \, \mathrm{d}x$;

(2) $\int_1^e x^2 \ln x \, \mathrm{d}x$;

(3) $\int_{-1}^1 \left(\frac{1-\mathrm{e}^x}{1+\mathrm{e}^x} + x\,\mathrm{e}^x \right) \mathrm{d}x$;

(4) $\int_0^\pi \sin x \mid \cos x \mid \mathrm{d}x$.

 练习题 5.4

计算下列广义积分.

(1) $\int_0^{+\infty} \mathrm{e}^{-\sqrt{x}} \, \mathrm{d}x$;

(2) $\int_e^{+\infty} \frac{1}{x \ln x} \mathrm{d}x$.

高等应用数学习题集
GAODENG YINGYONG SHUXUE XITIJI

 练习题 5.5

1. 求由下列曲线所围成的平面几何图形的面积.

    (1) $y = x^2 - 1$, $y = x + 1$;

    (2) $y^2 = x$, $x^2 = y$.

2. 求由下列曲线所围成的平面几何图形绕指定坐标轴旋转所得的旋转体的体积.

    (1) $y = x^2$, $y = 1$ 围成了一个平面几何图形,分别求其绕 x 轴与绕 y 轴旋转所得的旋转体的体积.

    (2) 设曲线 $y = x^2$ 与直线 $y = x$ 围成了一个平面几何图形.

      ① 求该几何图形的面积;

      ② 求该图形绕 x 轴旋转所得的旋转体的体积.

3. 某产品的边际成本是 x(百件)的函数 $C'(x) = x + 6$(万元/百件),已知固定成本为 50 万元,若该产品以每百件 20 万元的价格出售,试求最大利润时的产量与利润.若在最大利润的基础上再生产 600 件,利润会作何变化?

本章测试题

1. 填空题

(1) $F(x) = \cos x$ 是函数_____的原函数.

(2) 由定积分的几何意义知: $\int_0^1 \sqrt{1-x^2}\,dx =$ _____.

(3) 设 $F'(x) = f(x)$, 微积分基本公式为: $\int_a^b f(x)\,dx =$ _____.

(4) 函数 $\Phi(x) = \int_0^x \sin t^2\,dt$ 的导数是_____.

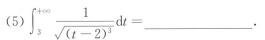

拓展练习

(5) $\int_3^{+\infty} \dfrac{1}{\sqrt{(t-2)^3}}\,dt =$ _____.

(6) 由连续曲线 $y = f(x)$, $x = a$, $x = b$, $y = 0\,(a < b)$ 所围成图形的面积的计算公式是_____.

(7) 设 $y = f(x)$ 是连续的奇函数, 则 $y = f(x)$, $x = -a$, $x = a$, $y = 0\,(a > 0)$ 所围成图形的面积可表示为_____.

(8) 已知 $\int_1^x f(t)\,dt = \dfrac{(x-1)^2}{1+x^2}$, 则 $\int_0^2 f(x)\,dx =$ _____.

2. 单项选择题

(1) 函数 $f(x)$ 在 $[a, b]$ 上连续是 $f(x)$ 在 $[a, b]$ 上可积的( ).

    A. 必要条件   B. 充分条件

    C. 充要条件   D. 既非充分也非必要条件

(2) 设 $f(x)$ 在 $[a, b]$ 上连续, $u = x^2$, $t = x^3$, 则 $\int_a^b f(u)\,du - \int_a^b f(t)\,dt = $ ( ).

    A. 0   B. 1   C. 2   D. -1

(3) 如果函数 $f(x)$ 在 $[-1, 1]$ 上连续, 且平均值为 2, 则 $\int_1^{-1} f(x)\,dx = $ ( ).

    A. -1 B. 1   C. -4 D. 4

(4) 函数 $y = \ln x$ 在 $[1, e]$ 上的平均值为( ).

    A. 1   B. $e - 1$ C. $\dfrac{1}{e-1}$ D. $\dfrac{1}{2}$

(5) $\lim\limits_{x \to 0} \dfrac{\int_0^x \sin t\,dt}{\int_0^x t\,dt} = $ ( ).

    A. -1 B. 0   C. 1   D. 2

(6) $\lim\limits_{x \to 0} \dfrac{\int_0^x [t^2 + \ln(1+t^2)]\,dt}{x^3} = $ ( ).

    A. 0   B. $\dfrac{2}{3}$ C. $\dfrac{1}{3}$ D. ∞

(7) $\lim\limits_{x \to 0} \dfrac{\int_0^x (1 - e^{-t^2})\,dt}{x^3} = $ ( ).

    A. 0   B. $\dfrac{1}{3}$ C. $-\dfrac{1}{3}$ D. ∞

(8) $\dfrac{d}{dx} \int_0^1 \ln(2 + x^2)\,dx = $ ( ).

    A. $\ln(2 + x^2)$ B. $\ln 3 - \ln 2$

    C. 0   D. $\dfrac{2x}{2 + x^2}$

(9) 广义积分 $\int_0^{+\infty} e^{-x}\,dx = $ ( ).

    A. 0   B. 1   C. -1 D. e

(10) 下列广义积分发散的是( ).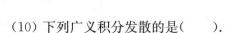

A. $\int_2^{+\infty} \frac{1}{x}\,\mathrm{d}x$ B. $\int_2^{+\infty} \frac{1}{1-x^2}\,\mathrm{d}x$

C. $\int_2^{+\infty} \frac{1}{1+x^2}\,\mathrm{d}x$ D. $\int_2^{+\infty} \frac{1}{x\ln^2 x}\,\mathrm{d}x$

(11) 设 $a \neq 0$,若 $\int_0^a x(1-2x)\,\mathrm{d}x = 0$,则 $a=$( ).

A. $\frac{1}{3}$ B. $\frac{3}{2}$ C. $\frac{3}{4}$ D. 1

(12) $\int_{-1}^1 \sqrt{x^2-x^4}\,\mathrm{d}x =$( ).

A. 0   B. 1   C. $\frac{2}{3}$ D. $\frac{1}{2}$

(13) $\int_a^x f'(2t)\,\mathrm{d}t =$( ).

A. $\frac{1}{2}[f(2x)-f(2a)]$ B. $2[f(2x)-f(2a)]$

C. $f(2x)(x-a)$ D. $f'(2x)(x-a)$

(14) 若 $\int_1^x f(t)\,\mathrm{d}t = x^2-1$,则 $\int_1^2 \frac{1}{x^2}f\left(\frac{1}{x}\right)\,\mathrm{d}x =$

( ).

A. $-\frac{1}{4}$ B. $\frac{3}{4}$

C. 4   D. -4

(15) 若 $f(x) = \int_0^x (1-2t)\,\mathrm{d}t$,则 $f(x)$ 有( ).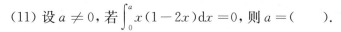

A. 极大值 $\frac{1}{2}$ B. 极小值 $\frac{1}{2}$

C. 极大值 $\frac{1}{4}$ D. 极小值 $\frac{1}{4}$

(16) 由曲线 $y=x^2$,$y=2$ 围成的一个平面几何图形绕 y 轴旋转而成的旋转体的体积为( ).

A. $\frac{1}{2}\int_0^2 \pi y\,\mathrm{d}y$ B. $\frac{1}{2}\int_0^2 \pi y^2\,\mathrm{d}y$

C. $\int_0^2 \pi y\,\mathrm{d}y$ D. $\int_0^2 \pi y^2\,\mathrm{d}y$

3. 解答题

(1) $\int_{-\frac{\pi}{2}}^{\frac{\pi}{2}} |\sin x| \cos x\,\mathrm{d}x$;

(2) $\int_1^e x^2 \ln x\,\mathrm{d}x$;

(3) $\int_0^1 \dfrac{1}{5x+3}\mathrm{d}x$;

(4) $\int_0^{\frac{\pi}{2}} x\sin x\,\mathrm{d}x$;

(5) $\int_0^2 |\,1-x\,|\,\mathrm{d}x$;

(6) $\int_4^9 \dfrac{\sqrt{x}}{\sqrt{x}-1}\mathrm{d}x$;

拓展练习

(7) $\int_{-\infty}^{+\infty} \dfrac{\mathrm{d}x}{x^2+2x+2}$;

(8) $\int_{-2}^{-\sqrt{2}} \dfrac{1}{x\sqrt{x^2-1}}\mathrm{d}x$;

(9) 设 $f(x)$ 连续且满足 $g(x)=x\displaystyle\int_0^x f(t)\mathrm{d}t$ ，求 $g''(0)$ ；

(10) 设 $f(x)$ 连续且 $\displaystyle\int_x^{2x}(2x-t)f(t)\mathrm{d}t=\dfrac{1}{2}\arctan x^3$ ，$f(1)=1$ ，求 $\displaystyle\int_1^2 f(x)\mathrm{d}x$.

4. 应用题

（1）设曲线 $y = e^x$ 与 $y = e^{-x}$ 及直线 $x = 1$ 围成了一个平面几何图形.

① 求该几何图形的面积；

② 求该图形绕 x 轴旋转而成的旋转体的体积.

（2）求由曲线 $y = \dfrac{1}{x}(x > 0)$，直线 $y = x$，$x = 2$ 所围成的平面几何图形的面积以及由此图形绕 x 轴旋转而成的旋转体的体积.

（3）求由曲线 $y = x^2$ 与直线 $y = 2x$，$y = x$ 所围成的平面几何图形的面积及该图形绕 x 轴旋转而成的旋转体的体积.

（4）求由曲线 $y = -x^2 + 4x - 3$ 及其在点 $(0, -3)$ 和点 $(3, 0)$ 处的切线所围成的平面几何图形的面积.

第6章
常微分方程

 练习题 6.1

1. 指出下列微分方程的阶数.

(1) $\left(\dfrac{\mathrm{d}^3 y}{\mathrm{d}x^3}\right)^2 - y^4 = \mathrm{e}^x$; (2) $y - x^3 y' = a(y^2 + y''')$;

(3) $(x^2 + y^2)\mathrm{d}x - xy\mathrm{d}y = 0$;

(4) $xy''' + 2x^2 y'^2 + x^3 y = x^4 + 1$.

2. 指出下列微分方程的通解中所含独立常数的个数.

(1) $y''' + \sin x\, y' - x = \cos x$; (2) $xyy'' + x(y')^3 - y^4 y' = 0$.

3. 验证下列各题中的函数是否为所给微分方程的解,如果是微分方程的解,是通解还是特解?

(1) $xy' + y = \cos x$,
$y = \dfrac{\sin x}{x}$;

(2) $xy' - (1 + x^2)y = 0$,
$y = Cx\,\mathrm{e}^{\frac{x^2}{2}}$.

4. 已知一曲线过点$(1, 2)$,且曲线上任一点$P(x, y)$处的切线的斜率为$2x + 1$,求该曲线的方程.

练习题 6.2

1. 求下列变量可分离方程的通解.

(1) $\dfrac{\mathrm{d}x}{y} + \dfrac{\mathrm{d}y}{x} = 0$；　　(2) $y' - 2y = 0$；

(3) $y' = \mathrm{e}^{2x-y}$；　　(4) $y(1-x^2)\mathrm{d}y + x(1+y^2)\mathrm{d}x = 0$.

2. 求下列齐次方程的通解.

(1) $(2x^2 - y^2) + 3xy\dfrac{\mathrm{d}y}{\mathrm{d}x} = 0$；　　(2) $y' = \dfrac{y}{x} + \mathrm{e}^{\frac{y}{x}}$.

3. 求方程 $1 + y^2 - xyy' = 0$ 满足初始条件 $y\,|_{x=1} = 0$ 的特解.

练习题 6.3

1. 求下列微分方程的通解.

(1) $xy' - y = x^3 + x^2$;

(2) $y' + \dfrac{y}{x} = \sin x$;

(3) $y\ln y\,\mathrm{d}x + (x - \ln y)\mathrm{d}y = 0$.

疑难解析

2. 求下列微分方程满足初始条件的特解.

(1) $\dfrac{\mathrm{d}y}{\mathrm{d}x} - \dfrac{1}{x} \cdot y = 0$, $y\,|_{x=1} = 2$;

(2) $\dfrac{\mathrm{d}y}{\mathrm{d}x} + \dfrac{y}{x} = \dfrac{x+1}{x}$, $y(2) = 3$;

(3) $y' - y\tan x = \sec x$, $y\,|_{x=0} = 1$.

练习题 6.4

1. 求下列微分方程的通解.

(1) $y'' = e^{-2x}$;

(2) $y''' = 2x - \cos x$;

(3) $y'' = y' + x$.

2. 求微分方程 $y'' = x + \sin x$ 满足初始条件 $y(0) = 0$，$y'(0) = 1$ 的特解.

 练习题 6.5

1. 求下列微分方程的通解.

(1) $y'' - 2y' - y = 0$；　　　　(2) $y'' + 2y' + 5y = 0$；

(3) $4\dfrac{\mathrm{d}^2 x}{\mathrm{d}t^2} - 20\dfrac{\mathrm{d}x}{\mathrm{d}t} + 25x = 0$.

2. 求下列微分方程满足初始条件的特解.

(1) $y'' + 3y = 0$，$y(0) = 2$，$y'(0) = 3\sqrt{3}$；

(2) $4y'' + 4y' + y = 0$，$y(0) = 2$，$y'(0) = 0$.

3. 方程 $y'' + 9y = 0$ 的一条积分曲线通过点$(\pi, -1)$且在该点与直线 $y + 1 = x - \pi$ 相切,求曲线方程.

本章测试题

1. 填空题

(1) 微分方程 $y'' + 5y' + 4y = 0$ 通解为＿＿＿＿.

(2) $\mathrm{d}y = 2x\,\mathrm{d}x$ 的通解为＿＿＿＿.

(3) 方程 $y'' - 2y' + y = 0$ 的通解是＿＿＿＿.

(4) 方程 $y' = y$ 满足 $y\big|_{x=0} = 2$ 的特解是＿＿＿＿.

(5) $y' - \dfrac{1}{x}y = \dfrac{1}{1+x}$ 的通解为＿＿＿＿.

(6) $3\dfrac{\mathrm{d}^2 y}{\mathrm{d}x^2} + \dfrac{\mathrm{d}y}{\mathrm{d}x} - 2y = 0$ 的通解为＿＿＿＿.

2. 单项选择题

(1) 下列微分方程中是一阶齐次线性微分方程的是(　　).

   A. $y' = x$

   B. $y' = xy$

   C. $y = \dfrac{1}{a}\sqrt{1 + y'}$

   D. $mv'(t) = mg - kv(t)$

(2) 微分方程 $y'' - 2y' - 3y = 0$ 的通解为(　　).

   A. $y = C_1 \mathrm{e}^{-x} + C_2 \mathrm{e}^{3x}$

   B. $y = C_1 \mathrm{e}^{x} + C_2 \mathrm{e}^{-3x}$

   C. $y = C_1 \mathrm{e}^{-x} + C_2$

   D. $y = C_1 \mathrm{e}^{3x} + C_2$

(3) 下列方程中是一阶线性齐次微分方程的是(　　).

   A. $y' + y = 1$

   B. $y'' + y' + y = 0$

   C. $y' + xy = 0$

   D. $y'' + y' + y = \mathrm{e}^x$

(4) 微分方程 $xy'' + (y')^3 + y^4 = y\sin x$ 的阶数是(　　).

   A. 1　　　　B. 2　　　　C. 3　　　　D. 4

(5) 微分方程 $xy''' + y'' + y = \sin x$ 通解中任意常数的个数是(　　).

   A. 1　　　　B. 2　　　　C. 3　　　　D. 4

3. 计算题

(1) 求方程 $y' = \dfrac{y^2 - 1}{y(x-1)}$ 满足初始条件 $y(0) = 2$ 的特解.

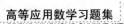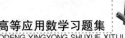

(2) 求解初值问题：$\begin{cases} y' + \dfrac{1}{x}y = \dfrac{1}{y}\cos x, \\ y(\pi) = 1. \end{cases}$

(3) 求方程 $y'' - e^x = 0$ 满足初始条件 $y(0) = 1$，$y'(0) = 2$ 的特解.

第 7 章
无穷级数

 练习题 7.1

1. 设级数 $\sum\limits_{n=1}^{\infty}\left(\dfrac{1}{2}\right)^{n}$，(1) 写出该级数的前 4 项 u_1，u_2，u_3，u_4；

(2) 求前 n 项的和 S_n；(3) 求收敛的和 S.

2. 求下列级数的和.

(1) $\sum\limits_{n=2}^{\infty}\dfrac{1}{(n-1)(n+1)}$；

(2) $\sum\limits_{n=0}^{\infty}100\left(\dfrac{2}{3}\right)^{n}$；

(3) $\sum\limits_{n=1}^{\infty}\left(\dfrac{1}{3}\right)^{n}$.

3. 判断下列级数的敛散性.

(1) $\sum\limits_{n=1}^{\infty}(-1)^{n+1}$；

(2) $\sum\limits_{n=1}^{\infty}(\sqrt{n+1}-\sqrt{n}\,)$；

(3) $\sum\limits_{n=1}^{\infty}\ln\left(1+\dfrac{1}{n}\right)$；

(4) $\sum\limits_{n=1}^{\infty}\dfrac{1}{(2n-1)(2n+1)}$；

(5) $\sum\limits_{n=1}^{\infty}\left(\dfrac{1}{2^{n}}+\dfrac{1}{3^{n}}\right)$；

(6) $\sum\limits_{n=1}^{\infty}\dfrac{n}{n+1}$.

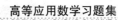

 练习题 7.2

1. 用比较判别法判断下列级数的敛散性.

(1) $\displaystyle\sum_{n=1}^{\infty} \frac{2}{5n+3}$;

(2) $\displaystyle\sum_{n=2}^{\infty} \frac{1}{(n+1)(n+2)}$;

(3) $\displaystyle\sum_{n=2}^{\infty} \frac{n+1}{n^2+1}$;

(4) $\displaystyle\sum_{n=1}^{\infty} \frac{1}{\sqrt{n}\cdot(n+1)}$.

2. 用比值判别法判断下列级数的敛散性.

(1) $\displaystyle\sum_{n=1}^{\infty} \frac{3^n}{n\cdot 2^n}$;

(2) $\displaystyle\sum_{n=1}^{\infty} \frac{n^2}{3^n}$;

(3) $\displaystyle\sum_{n=1}^{\infty} \frac{2^n\cdot n!}{n^n}$;

(4) $\displaystyle\sum_{n=1}^{\infty} n\cdot \sin\frac{\pi}{2^{n+1}}$.

3. 能否用比值判别法判断级数 $\displaystyle\sum_{n=1}^{\infty} \frac{3+(-1)^n}{2^n}$ 的敛散性？若不能，应该如何判断.

4. 判断下列级数的敛散性.如果收敛,是绝对收敛还是条件收敛?

(1) $\displaystyle\sum_{n=1}^{\infty} \frac{(-1)^n}{\sqrt{n}}$;

(2) $\displaystyle\sum_{n=1}^{\infty} \frac{(-1)^n\cdot 3^n}{n!}$;

(3) $\displaystyle\sum_{n=1}^{\infty} (-1)^n(\sqrt{n+1}-\sqrt{n})$;

疑难解析

(4) $\displaystyle\sum_{n=1}^{\infty} \frac{(-1)^n\cdot 3^n}{n^n}$;

(5) $\displaystyle\sum_{n=1}^{\infty} \frac{2+(-1)^n}{n^2}$;

(6) $\displaystyle\sum_{n=1}^{\infty} \frac{\sin\frac{n\pi}{3}}{2^n}$.

练习题 7.3

1. 求下列幂级数的收敛区间.

(1) $\displaystyle\sum_{n=0}^{\infty} 10 \cdot x^{n}$;

(2) $\displaystyle\sum_{n=0}^{\infty} \frac{1}{4^{n}} \cdot x^{2n}$;

(3) $\displaystyle\sum_{n=1}^{\infty} n \cdot x^{n}$;

(4) $\displaystyle\sum_{n=0}^{\infty} \frac{(-1)^{n}}{n^{2}} \cdot x^{n}$;

(5) $\displaystyle\sum_{n=1}^{\infty} \frac{x^{n}}{n \cdot 3^{n}}$;

(6) $\displaystyle\sum_{n=0}^{\infty} (-1)^{n} \cdot \frac{x^{2n+1}}{2n+1}$;

(7) $\displaystyle\sum_{n=1}^{\infty} \frac{2n-1}{2^{n}} \cdot x^{2n-2}$;

(8) $\displaystyle\sum_{n=0}^{\infty} \frac{(x-5)^{n}}{\sqrt{n}}$.

2. 求下列幂级数的收敛半径.

(1) $\displaystyle\sum_{n=0}^{\infty} \left(\frac{x}{3}\right)^{n}$;

(2) $\displaystyle\sum_{n=1}^{\infty} \frac{1}{n^{2}} \cdot x^{n}$;

(3) $\displaystyle\sum_{n=0}^{\infty} \frac{1}{n!} \cdot x^{n}$;

(4) $\displaystyle\sum_{n=0}^{\infty} \frac{n(n+1)}{2} \cdot x^{n}$.

3. 求下列幂级数的和函数.

疑难解析

(1) $\displaystyle\sum_{n=0}^{\infty} \frac{x^{n}}{n+1}$;

(2) $\displaystyle\sum_{n=1}^{\infty} n \cdot x^{n-1}$;

(3) $\displaystyle\sum_{n=1}^{\infty} \frac{1}{4n+1} \cdot x^{4n+1}$;

(4) $\displaystyle\sum_{n=1}^{\infty} (n+2) \cdot x^{n+3}$.

练习题 7.4

1. 将下列函数展开成麦克劳林级数.

(1) $f(x)=\dfrac{1}{1+x^2}$;　　　　(2) $f(x)=\dfrac{x}{1+x}$;

(3) $f(x)=e^{-x^2}$;　　　　(4) $f(x)=\dfrac{1}{2+x}$;

(5) $f(x)=\dfrac{1}{x^2+4x+3}$;

(6) $f(x)=(1+x)\ln(1+x)$.

2. 将函数 $f(x)=\cos x$ 展开成 $\left(x+\dfrac{\pi}{3}\right)$ 的幂级数.

3. 将函数 $f(x)=\dfrac{1}{x}$ 展开成 $(x-3)$ 的幂级数.

疑难解析

4. 将函数 $f(x)=\dfrac{1}{x^2+3x+2}$ 展开成 $(x+4)$ 的幂级数.

本章测试题

1. 判断题

(1) $a + aq + aq^2 + \cdots + aq^{n-1} + \cdots = \dfrac{a}{1-q}$ （q 为任何实数）.

( )

(2) 级数 $\sum\limits_{n=1}^{\infty} \dfrac{1}{n}$ 发散,而级数 $\sum\limits_{n=1}^{\infty} (-1)^{n-1} \dfrac{1}{n}$ 收敛. ( )

2. 填空题

(1) 对于等比级数 $\sum\limits_{n=1}^{\infty} aq^{n-1}$ （$a \neq 0$）,当_____时是收敛的.

(2) 对于 p 级数 $\sum\limits_{n=1}^{\infty} \dfrac{1}{n^p}$ （$p > 0$）,当 p_____时是收敛的.

(3) 已知级数 $\sum\limits_{n=1}^{\infty} u_n$ 收敛,则 $\lim\limits_{n \to \infty} u_n =$_____.

(4) 幂级数 $\sum\limits_{n=0}^{\infty} (-1)^n x^n (|x| < 1)$ 的和函数是_____.

3. 单项选择题

(1) 设无穷级数 $\sum\limits_{n=1}^{\infty} (u_n - 1)$ 收敛,则 $\lim\limits_{n \to \infty} u_n = ($).

    A. 0   B. -1 C. 2   D. 1

(2) 级数 $\sum\limits_{n=0}^{\infty} \dfrac{1}{2^n}$ 的和为( ).

    A. 1   B. 2   C. 3   D. 4

(3) 幂级数 $\sum\limits_{n=1}^{\infty} \dfrac{1}{n} x^{n+1}$ 的收敛域是( ).

    A. $(-1, 1)$ B. $[-1, 1]$

    C. $[-1, 1)$ D. $(-1, 1]$

(4) 幂级数 $\sum\limits_{n=1}^{\infty} \dfrac{x^n}{n(n+1)}$ 的收敛半径是( ).

    A. 0   B. 1   C. 2   D. 3

(5) 幂级数 $\sum\limits_{n=1}^{\infty} \dfrac{(-1)^n}{3^n} x^n$ 的收敛半径是( ).

    A. 1   B. 2   C. 3   D. 4

4. 判断下列级数的敛散性.

(1) $\sum\limits_{n=1}^{\infty} \dfrac{n}{3^n}$;

(2) $\sum\limits_{n=1}^{\infty} (-1)^n \cdot \left(\dfrac{2}{3}\right)^n$;

(3) $\sum\limits_{n=0}^{\infty} \dfrac{n^2}{2^n}$;

(4) $\sum\limits_{n=1}^{\infty} (-1)^{n-1} \cdot \dfrac{\sqrt{n}}{\sqrt{n+1}}$.

5. 求下列级数的收敛区间和收敛半径.

(1) $\sum\limits_{n=1}^{\infty} \dfrac{x^n}{3^n \cdot n}$;

(2) $\sum\limits_{n=0}^{\infty} \dfrac{x^{2n+1}}{3^n}$.

6. 判断级数 $\sum\limits_{n=1}^{\infty} (-1)^n \cdot \dfrac{2}{n}$ 是条件收敛还是绝对收敛.

7. 利用幂级数展开求出 π 的表达式.

疑难解析

第 8 章
多元函数微积分

 练习题 8.1

1. 求下列函数的定义域.

(1) $z = \ln(y^2 - 2x + 1)$；

(2) $z = \sqrt{1 - x^2 - y^2}$；

(3) $z = \sqrt{x - \sqrt{y}}$；

(4) $z = \sqrt{x^2 - 9} + \dfrac{1}{\sqrt{9 - y^2}}$；

(5) $z = \arcsin \dfrac{x + y}{2}$.

2. 设 $f(x, y) = \dfrac{xy}{x^2 + y^2}$，求 $f\left(\dfrac{x}{y}, 1\right)$.

3. 求下列极限.

(1) $\lim\limits_{(x, y) \to (0, 0)} \dfrac{e^{2xy} - 1}{\sin(xy)}$;

(2) $\lim\limits_{(x, y) \to (0, 2)} \dfrac{e^{xy} - 1}{x}$;

(3) $\lim\limits_{(x, y) \to (0, 0)} (x^2 + y^2) \sin \dfrac{1}{x^2 + y^2}$;

(4) $\lim\limits_{(x, y) \to (1, 2)} \dfrac{xy - 2}{\sqrt{xy} + 2}$;

(5) $\lim\limits_{(x, y) \to (0, 0)} \dfrac{x + y}{x - y}$.

疑难解析

4. 求函数 $z = \dfrac{2xy}{y^2 - 2x}$ 在何处是间断的.

练习题 8.2

1. 求下列函数的偏导数.

(1) $z = e^x \cos(x + y)$;　　　　(2) $s = \dfrac{u^2 + v^2}{uv}$;

(3) $z = \sqrt{\ln(xy)}$;　　　　(4) $z = \ln(x + \sqrt{x^2 + y^2})$.

2. 求下列函数的二阶偏导数.

(1) $z = x^3 y - 3x^2 y^2$;　　　　(2) $z = e^{ax} \cos by$.

3. 求下列复合函数的一阶偏导数 $\dfrac{\partial z}{\partial x}$, $\dfrac{\partial z}{\partial y}$.

(1) $z = e^{\sin y - 2x^2}$;　　　　(2) $z = u^v$, $u = \sin x$, $v = \sin y$.

4. 设函数 $z=z(x,y)$ 由方程 $2z=x^2+y^2+z^2$ 所确定,求 $\dfrac{\partial z}{\partial x}$,$\dfrac{\partial z}{\partial y}$.

5. 设函数 $z=z(x,y)$ 由方程 $\sin z=y^2+z^2+\displaystyle\int_1^x \cos t^2\,\mathrm{d}t$ 所确定,

求 $\dfrac{\partial z}{\partial x}$,$\dfrac{\partial z}{\partial y}$.

拓展练习

6. 求下列函数全微分.

(1) $z=\mathrm{e}^{\sqrt{x^2+y^2}}$,求 $\mathrm{d}z$,$\mathrm{d}z\,\big|_{(1,2)}$; (2) $u=xy^2z^3$,求 $\mathrm{d}u$;

(3) $z=\ln(xy)+x^y$,求 $\mathrm{d}z$.

7. 已知函数 $z=f(x,y)=x^2y$,求当 $x=1$,$y=1$,$\Delta x=-0.02$,$\Delta y=0.01$ 时的全增量和全微分.

8. 设 $z=x^y(x>0,x\neq1)$,试证:$\dfrac{x}{y}\dfrac{\partial z}{\partial x}+\dfrac{1}{\ln x}\dfrac{\partial z}{\partial y}=2z$.

拓展练习

练习题 8.3

1. 求函数 $f(x,y)=x^3-y^3+3x^2+3y^2-9x$ 的极值.

3. 某工厂要用铁皮做一个体积为 $2\ \text{cm}^3$ 的有盖长方体水箱,问:当长、宽、高各取多少时,用料最省?

2. 求函数 $z=x^2-y^2$ 在区域 $D=\{(x,y)\mid x^2+y^2\leqslant 4\}$ 的最大值和最小值.

疑难解析

 练习题 8.4

1. 改变下列累次积分的次序.

(1) $\int_1^2 \left(\int_1^x f(x, y) \mathrm{d}y \right) \mathrm{d}x$；

(2) $\int_{-1}^2 \left(\int_{y^2}^{y+2} f(x, y) \mathrm{d}x \right) \mathrm{d}y$.

2. 画出积分区域并计算下列二重积分.

(1) $\iint\limits_D x y^2 \mathrm{d}x \mathrm{d}y$，其中 D 是由圆 $x^2 + y^2 = 4$ 与 y 轴所围成的右半

   闭区域；

拓展练习

(2) $\iint\limits_D x y \mathrm{d}x \mathrm{d}y$，其中 D 是由抛物线 $y^2 = 4x$ 与 $y = x$

   所围成的区域.

3. 化二重积分 $I = \iint\limits_D f(x, y) \mathrm{d}x \mathrm{d}y$ 为累次积分，其中积分区域 D 分

别为：

(1) 由圆 $x^2 + y^2 = r^2 (y \geqslant 0)$ 与 x 轴所围成的闭区域；

(2) 由直线 $y = x$，$x = 2$ 以及双曲线 $y = \dfrac{1}{x}$ $(x > 0)$ 所围成的闭

   区域.

本章测试题

1. 填空题

(1) 函数 $z = \arcsin \dfrac{x^2 + y^2}{4} + \arcsin \dfrac{1}{x^2 + y^2}$ 的定义域是_____.

(2) 函数 $z = \sqrt{4 - x^2 - y^2} + \dfrac{1}{\sqrt{x^2 + y^2 - 1}}$ 的定义域为_____.

(3) 函数 $z = \sqrt{x^2 + y^2 - 1}$ 的定义域是_____.

(4) 若 $z = \mathrm{e}^{xy}$，则 $\dfrac{\partial^2 z}{\partial x^2} = $ _____.

(5) 计算 $I = \displaystyle\int_0^1 \mathrm{d}x \int_x^{2x} (x - y)\,\mathrm{d}y = $ _____.

拓展练习

2. 单项选择题

(1) 若 $f(x + y, x - y) = \dfrac{x^2 - y^2}{2xy}$，则 $f(x, y) = $

( ).

     A. $\dfrac{xy}{x^2 - y^2}$ B. $\dfrac{2xy}{x^2 - y^2}$

     C. $\dfrac{4xy}{x^2 - y^2}$ D. $\dfrac{xy}{2(x^2 - y^2)}$

(2) 若函数 $f(x, y) = \begin{cases} x\sin\dfrac{1}{y} + y\sin\dfrac{1}{x}, & xy \neq 0, \\ 0, & \text{其他}, \end{cases}$ 则极限

     $\displaystyle\lim_{(x, y) \to (0, 0)} f(x, y) = $ ( ).

     A. 不存在   B. 等于 1

     C. 等于 0   D. 等于 2

(3) 若函数 $f(x, y) = \begin{cases} \dfrac{x^2 y}{x^2 + y^2}, & x^2 + y^2 \neq 0, \\ 0, & x^2 + y^2 = 0, \end{cases}$ 则在点 $(0, 0)$ 处

     满足( ).

     A. 有极限   B. 连续

     C. $f_x'(0, 0) = f_y'(0, 0)$ D. 可微

(4) 若函数 $f(x, y) = \sqrt{x^2 + y^2}$，则在 $(0, 0)$ 处满足( ).

     A. 连续，偏导数存在   B. 连续，偏导数不存在

     C. 不连续，偏导数不存在   D. 不连续，偏导数存在

(5) 若 $\displaystyle\int_0^1 f(x)\,\mathrm{d}x = \int_0^1 xf(x)\,\mathrm{d}x$，$D: x + y \leqslant 1$，$x \geqslant 0$，$y \geqslant 0$，

     则 $\displaystyle\iint_D f(x)\,\mathrm{d}x\,\mathrm{d}y = $ ( ).

     A. 2   B. 0   C. $\dfrac{1}{2}$ D. 1

3. 计算题

(1) 设 $z = f\left(\dfrac{x}{y}, \dfrac{y}{x}\right)$，$f$ 可微，求 z 关于 x，y 的偏导数和全

     微分.

(2) 设 $z=z(x,y)$ 是由方程 $e^{-xy}-2z+e^z=0$ 所确定的隐函数,求 $\dfrac{\partial z}{\partial x}$,$\dfrac{\partial z}{\partial y}$.

(3) 求偏导数:

① 求 $z=f(xy,e^{x-y})$ 关于各自变量的一阶偏导数,其中 f 可微;

② 求由方程 $xyz=e^{-xyz}$ 所确定的隐函数的偏导数 $\dfrac{\partial z}{\partial x}$.

(4) 在斜边长为 C 的一切直角三角形中,当直角边为何值时周长最大.

(5) 设 D 是由 $y=2$,$y=x$,$y=2x$ 所确定的闭区域,求 $\iint\limits_{D}(x^2+y^2-x)\,\mathrm{d}x\,\mathrm{d}y$.

(6) 设 D 是由 $x=0$,$y=0$,$2x+y=4$ 所确定的闭区域,求 $\iint\limits_{D}(4-x^2)\,\mathrm{d}x\,\mathrm{d}y$.

(7) 设 D 是由 $y=x$,$x=y^2$ 所确定的闭区域,求 $\iint\limits_{D}\dfrac{\sin y}{y}\,\mathrm{d}x\,\mathrm{d}y$.

(8) 求 $\iint\limits_{D}\arctan\dfrac{y}{x}\,\mathrm{d}x\,\mathrm{d}y$,$D$:$1\leqslant x^2+y^2\leqslant 4$,$0\leqslant x\leqslant y$.

第9章
行列式

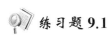**练习题 9.1**

1. 利用对角线法则计算下列行列式.

(1) $\begin{vmatrix} x-1 & 1 \\ x^2 & x^2+x+1 \end{vmatrix}$;   (2) $\begin{vmatrix} 2 & 0 & 1 \\ 1 & -4 & -1 \\ -1 & 8 & 3 \end{vmatrix}$;

(3) $\begin{vmatrix} 1 & -1 & 2 \\ 2 & 3 & -1 \\ 1 & 1 & 1 \end{vmatrix}$.

2. 解方程 $\begin{vmatrix} 2 & 1 & x \\ 5 & x & 0 \\ 1 & 0 & x \end{vmatrix}=0$.

疑难解析

3. 用克拉默法则求解下列方程组.

(1) $\begin{cases} 3x_1+2x_2=6, \\ 2x_1-x_2=2; \end{cases}$ (2) $\begin{cases} 2x_1+x_2-x_3=0, \\ 2x_1+3x_2+x_3=2, \\ x_1-3x_2-x_3=4. \end{cases}$

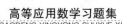

 练习题 9.2

1. 按照展开定理计算下列行列式.

(1) $\begin{vmatrix} 0 & 1 & 0 \\ 1 & 1+a & 1 \\ 1 & 1 & 1-a \end{vmatrix}$;

(2) $\begin{vmatrix} 0 & 0 & 0 & 1 \\ 0 & 0 & 2 & 3 \\ 0 & 4 & 5 & 6 \\ 7 & 8 & 9 & 10 \end{vmatrix}$.

疑难解析

2. 已知四阶行列式 D_4 中第二列元素依次为 -1、2、0、1,它们的余子式依次为 5、3、-9、4,求 D_4.

3. 证明 $\begin{vmatrix} 0 & 0 & \cdots & 0 & \lambda_1 \\ 0 & 0 & \cdots & \lambda_2 & 0 \\ \vdots & \vdots & & \vdots & \vdots \\ 0 & \lambda_{n-1} & \cdots & 0 & 0 \\ \lambda_n & 0 & \cdots & 0 & 0 \end{vmatrix} = (-1)^{\frac{n(n-1)}{2}} \lambda_1 \lambda_2 \cdots \lambda_n$.

📠 **练习题 9.3**

1. 用三角化的方法计算下列行列式.

(1) $\begin{vmatrix} 1 & 1 & 1 & 0 \\ 1 & 1 & 0 & 1 \\ 1 & 0 & 1 & 1 \\ 0 & 1 & 1 & 1 \end{vmatrix}$;　　　　(2) $\begin{vmatrix} 1 & 2 & 3 & 4 \\ 2 & 3 & 4 & 1 \\ 3 & 4 & 1 & 2 \\ 4 & 1 & 2 & 3 \end{vmatrix}$.

(3) $\begin{vmatrix} y & y & x+y \\ x & x+y & x \\ x+y & x & y \end{vmatrix}$.

2. 计算下列行列式.

(1) $\begin{vmatrix} 2 & 1 & 4 & 1 \\ 3 & -1 & 2 & 1 \\ 1 & 2 & 3 & 2 \\ 5 & 0 & 6 & 2 \end{vmatrix}$;　　　　(2) $\begin{vmatrix} 1 & 1 & 1 \\ a & b & c \\ a^2 & b^2 & c^2 \end{vmatrix}$;

3. 证明: $D_n = \begin{vmatrix} a & b & b & \cdots & b \\ b & a & b & \cdots & b \\ b & b & a & \cdots & b \\ \vdots & \vdots & \vdots & & \vdots \\ b & b & b & \cdots & a \end{vmatrix} = [a+(n-1)b](a-b)^{n-1}$.

疑难解析

练习题 9.4

1. 用克拉默法则解下列方程组.

(1) $\begin{cases} 2x - 3y + z = -1, \\ x + y + z = 6, \\ 3x + y - 2z = -1; \end{cases}$

(2) $\begin{cases} x_1 + x_2 + x_3 + x_4 = 5, \\ x_1 + 2x_2 - x_3 + 4x_4 = -2, \\ 2x_1 - 3x_2 - x_3 - 5x_4 = -2, \\ 3x_1 + x_2 + 2x_3 + 11x_4 = 0. \end{cases}$

2. 问 λ 取值时, 齐次线性方程组

$$\begin{cases} (5-\lambda)x_1 + 2x_2 + 2x_3 = 0, \\ 2x_1 + (6-\lambda)x_2 = 0, \\ 2x_1 + (4-\lambda)x_3 = 0, \end{cases}$$

有非零解?

疑难解析

本章测试题

1. 填空题

(1) 若行列式各行元素的和均为 0，则此行列式的值为＿＿＿．

(2) 若行列式进行奇数次行对换，则此行列式的值＿＿＿．

(3) 若四阶行列式 $D=2$，则 $D^{\mathrm{T}}=$＿＿＿，$D\xrightarrow{3r_2}$＿＿＿，

$D\xrightarrow[r_2\leftrightarrow r_3]{r_1\leftrightarrow r_2}$＿＿＿，$D\xrightarrow{3r_2+r_1}$＿＿＿，$a_{21}A_{21}+a_{22}A_{22}$

$+a_{23}A_{23}+a_{24}A_{24}=$＿＿＿，$a_{31}A_{21}+a_{32}A_{22}+a_{33}A_{23}+$

$a_{34}A_{24}=$＿＿＿．

(4) 含有 n 个未知数，n 个方程的齐次线性方程组，当系数行列式 D＿＿＿时，方程组仅有零解，当＿＿＿时，方程组有非零解．

2. 计算下列行列式

(1) $\begin{vmatrix} 0 & 1 & 0 & 0 \\ 1 & 0 & 1 & 0 \\ 0 & 1 & 0 & 1 \\ 0 & 0 & 1 & 0 \end{vmatrix}$;

(2) $\begin{vmatrix} 1 & 0 & 2 & -5 \\ -1 & 2 & 1 & 3 \\ 2 & -1 & 0 & 1 \\ 1 & 3 & 4 & 2 \end{vmatrix}$;

(3) $\begin{vmatrix} 1 & 1 & 1 & 1 \\ 1 & -1 & 1 & 1 \\ 1 & 1 & -1 & 1 \\ 1 & 1 & 1 & -1 \end{vmatrix}$;

(4) $\begin{vmatrix} x & -1 & 0 & 0 \\ 0 & x & -1 & 0 \\ 0 & 0 & x & -1 \\ a_4 & a_3 & a_2 & x+a_1 \end{vmatrix}$;

(5) $D_n = \begin{vmatrix} x & y & 0 & \cdots & 0 & 0 \\ 0 & x & y & \cdots & 0 & 0 \\ \vdots & \vdots & \vdots & & \vdots & \vdots \\ 0 & 0 & 0 & \cdots & x & y \\ y & 0 & 0 & \cdots & 0 & x \end{vmatrix}$.

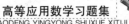
3. 设 $D = \begin{vmatrix} 3 & 1 & -1 & 2 \\ -5 & 1 & 3 & -4 \\ 2 & 0 & 1 & -1 \\ 1 & -5 & 3 & -3 \end{vmatrix}$，求 $A_{31} + 3A_{32} - 2A_{33} + 2A_{34}$.

疑难解析

4. 判断齐次线性方程组 $\begin{cases} 2x_1 + 2x_2 - x_3 = 0, \\ x_1 - 2x_2 + 4x_3 = 0, \\ 5x_1 + 8x_2 - 2x_3 = 0 \end{cases}$ 是否仅有零解?

第 10 章
矩阵和线性方程组

 练习题 10.1

1. 计算下列矩阵.

$(1)\ \begin{pmatrix} 2 & 0 & 1 \\ 5 & 3 & 7 \end{pmatrix} + \begin{pmatrix} -3 & 2 & 1 \\ 4 & 2 & 5 \end{pmatrix}$;

$(2)\ (7 \quad 6 \quad 3)\begin{pmatrix} 1 \\ 2 \\ 3 \end{pmatrix}$;

$(3)\ \begin{pmatrix} 4 \\ 5 \\ 6 \end{pmatrix}(1 \quad 2 \quad 3)$;

$(4)\ \begin{pmatrix} 2 & 5 & 6 \\ 1 & 0 & 1 \\ 2 & 4 & 2 \end{pmatrix}\begin{pmatrix} 5 & 1 & 8 \\ 2 & 3 & -4 \\ 4 & 4 & 7 \end{pmatrix}$.

2. 设 $A = \begin{pmatrix} 8 & 0 & 1 & 2 \\ 1 & 9 & 7 & 5 \\ 4 & 4 & 3 & 1 \end{pmatrix}$, $B = \begin{pmatrix} 4 & 2 & 3 & 1 \\ 2 & 0 & 0 & 8 \\ 6 & 5 & 4 & 3 \end{pmatrix}$, 矩阵 X

 疑难解析

满足 $(2A - X) + 2(B - X) = O$, 求 X.

3. 证明: $\begin{pmatrix} 0 & 1 \\ 0 & 1 \end{pmatrix}^n = \begin{pmatrix} 1 & n \\ 0 & 1 \end{pmatrix}$.

4. 解方程组: $\begin{pmatrix} 1 & 2 & 3 \\ -1 & 4 & 5 \\ 2 & 6 & 8 \end{pmatrix}\begin{pmatrix} x_1 \\ x_2 \\ x_3 \end{pmatrix} = \begin{pmatrix} 1 \\ 3 \\ 5 \end{pmatrix}$.

 疑难解析

练习题 10.2

1. 求矩阵 $\begin{pmatrix} 1 & 0 & 2 & 4 & 6 \\ 0 & -4 & 3 & -1 & 0 \\ 0 & 0 & 8 & 4 & 5 \\ 0 & 0 & 0 & 7 & 9 \\ 0 & 0 & 0 & 0 & 0 \end{pmatrix}$ 的秩.

2. 设 $A \in M_{n \times n}$，并且 $A^4 = O$，证明：矩阵 $E_n - A$ 可逆，并求 $(E_n - A)^{-1}$.

思考题

📖 **练习题 10.3**

1. 将下列矩阵化成阶梯形矩阵.

(1) $\begin{pmatrix} 1 & -1 & 2 \\ -3 & 3 & 1 \\ -2 & 2 & 4 \end{pmatrix}$;

(2) $\begin{pmatrix} 0 & 16 & -7 & -5 \\ 1 & -5 & 2 & 1 \\ -1 & -11 & 5 & 4 \\ 2 & 6 & -3 & -3 \end{pmatrix}$.

2. 求下列矩阵的秩.

(1) $A = \begin{pmatrix} 1 & 3 & -9 & 3 \\ 0 & 1 & -3 & 4 \\ -1 & 5 & 6 & 7 \\ -2 & -3 & 9 & 6 \end{pmatrix}$;

(2) $A = \begin{pmatrix} 1 & 3 & 1 & -2 & -3 \\ 1 & 4 & 3 & -1 & -2 \\ 2 & 3 & -4 & -7 & -3 \\ 3 & 8 & 1 & -7 & -8 \end{pmatrix}$.

高等应用数学习题集
GAODENG YINGYONG SHUXUE XITIJI

3. 设 $A = \begin{pmatrix} 1 & 1 & 1 & 1 \\ 0 & 1 & -1 & b \\ 2 & 3 & a & 4 \\ 3 & 5 & 1 & 7 \end{pmatrix}$，若 $r(A)=2$，求 a,b 的值.

4. 求下列矩阵的逆矩阵.

(1) $A = \begin{pmatrix} 1 & 2 & -3 \\ 0 & 1 & 2 \\ 0 & 0 & 1 \end{pmatrix}$；

(2) $A = \begin{pmatrix} 5 & 2 & 0 & 0 \\ 2 & 1 & 0 & 0 \\ 0 & 0 & 8 & 3 \\ 0 & 0 & 5 & 2 \end{pmatrix}$.

5. 解矩阵方程：$\begin{pmatrix} 2 & 5 \\ 3 & 1 \end{pmatrix} X = \begin{pmatrix} 4 & -6 \\ 2 & 1 \end{pmatrix}$.

疑难解析

6. 设方程 A 满足 $A^2 - A - 2E = O$，证明 A 及 $A+2E$ 都可逆，并求 A^{-1} 及 $(A+2E)^{-1}$.

练习题 10.4

1. 判断下列齐次线性方程组有无非零解.

(1) $\begin{cases} 2x_1 - x_2 + 3x_3 = 0, \\ x_1 + 3x_3 = 0, \\ 3x_1 - 5x_2 + 4x_3 = 0; \end{cases}$

(2) $\begin{cases} x_1 - x_2 + 5x_3 - x_4 = 0, \\ x_1 + x_2 - 2x_3 + 3x_4 = 0, \\ 3x_1 - x_2 + 8x_3 + x_4 = 0, \\ 2x_1 + 7x_2 - 3x_3 - 9x_4 = 0. \end{cases}$

2. 求下列线性方程组的通解.

(1) $\begin{cases} x_1 - 5x_2 + 2x_3 - 3x_4 = 11, \\ 5x_1 + 3x_2 + 6x_3 - x_4 = -1, \\ 2x_1 + 4x_2 + 2x_3 + x_4 = -6; \end{cases}$

$$(2) \begin{cases} x_1 + 2x_2 + 3x_3 + x_4 = 3, \\ x_1 + 4x_2 + 5x_3 + 2x_4 = 2, \\ 2x_1 + 9x_2 + 8x_3 + 3x_4 = 7, \\ 3x_1 + 7x_2 + 7x_3 + 2x_4 = 12. \end{cases}$$

3. 证明线性方程组

疑难解析

$$\begin{cases} x_1 - x_2 = a_1, \\ x_2 - x_3 = a_2, \\ x_3 - x_4 = a_3, \\ x_4 - x_5 = a_4, \\ x_5 - x_1 = a_5, \end{cases}$$

有解的充要条件是 $a_1 + a_2 + a_3 + a_4 + a_5 = 0$.

本章测试题

1. 设 $A = \begin{pmatrix} 3 & 1 & 1 \\ 1 & 0 & 0 \\ 2 & 1 & 3 \end{pmatrix}$, $B = \begin{pmatrix} 1 & 1 & -1 \\ 2 & -1 & 0 \\ 1 & 0 & 1 \end{pmatrix}$, 计算 $A+B$, AB, BA.

2. 下列命题或等式成立吗？为什么？

(1) $(A+B)^2 = A^2 + AB + B^2$;

(2) $A^2 - B^2 = (A+B)(A-B)$;

(3) 若 $AB = AC$ 且 $A \neq O$, 则 $A = B$;

(4) $|A+B| = |A| + |B|$;

(5) 若 $A \neq O$, 则 $|A| \neq 0$;

(6) $|\lambda A| = |\lambda| |A|$, λ 为实数.

思考题

3. 判断下列矩阵是否可逆,若可逆求其逆矩阵.

(1) $A = \begin{pmatrix} 5 & 6 \\ 7 & 8 \end{pmatrix}$;

(2) $A = \begin{pmatrix} \cos\theta & -\sin\theta \\ \sin\theta & \cos\theta \end{pmatrix}$;

(3) $A = \begin{pmatrix} 1 & 1 & -1 \\ 2 & 1 & 0 \\ 1 & -1 & 0 \end{pmatrix}$;

(4) $A = \begin{pmatrix} 1 & -1 & -1 & -1 \\ -1 & 1 & -1 & -1 \\ -1 & -1 & 1 & -1 \\ -1 & -1 & -1 & 1 \end{pmatrix}$.

4. 设方阵 A 满足 $A^2 - 2A + 4E = O$, 证明 $A+E$ 和 $A-3E$ 都可逆, 并求它们的逆矩阵.

5. 将下列矩阵化成阶梯形矩阵，并求矩阵的秩.

$(1)\ \boldsymbol{A}=\begin{pmatrix}1&2&3\\2&2&1\\3&4&5\end{pmatrix}$;

$(2)\ \boldsymbol{A}=\begin{pmatrix}1&3&1&-2&-3\\1&4&3&-1&-4\\2&3&-4&-7&-3\\3&8&1&-7&-8\end{pmatrix}$.

6. 解下列矩阵方程.

$(1)\ \begin{pmatrix}2&1\\5&3\end{pmatrix}\boldsymbol{X}=\begin{pmatrix}4&-6\\2&1\end{pmatrix}$;

$(2)\ \boldsymbol{X}\begin{pmatrix}2&1&-1\\2&1&0\\1&-1&1\end{pmatrix}=\begin{pmatrix}1&-1&3\\4&3&2\end{pmatrix}$.

思考题

7. 求下列线性方程组的解.

$(1)\ \begin{cases}x_1+x_2+2x_3+3x_4=1,\\x_2+x_3-4x_4=1,\\x_1+x_2+3x_3-x_4=4,\\2x_1+3x_2-x_3-x_4=-6;\end{cases}$

$(2)\ \begin{cases}x_1-x_2+5x_3-x_4=2,\\x_1+x_2-2x_3+3x_4=5,\\3x_1-x_2+8x_3+x_4=9,\\x_1+3x_2-9x_3+7x_4=8.\end{cases}$

第11章
随机事件及其概率

 练习题11.1

1. 对于事件 A，B，C，试用 A，B，C 的运算表示下列事件.

(1) A，B，C 中恰好有一个发生；

(2) A，B，C 中至少有两个发生.

学习目标

随机事件
和概率

2. 写出下列事件的样本空间.

(1) 同时投掷 3 颗骰子，记录 3 颗骰子点数之和；

(2) 甲、乙两人下棋一局，观察其结果.

3. 设 $P(A)=x$，$P(B)=y$，$P(AB)=z$，用 x，y，z 表示下列事件的概率.

(1) $P(A\bar{B})$；

(2) $P(\bar{A}\bar{B})$.

4. 设 A，B 是两事件且 $P(A)=0.6$，$P(B)=0.7$.

(1) 在什么条件下 $P(AB)$ 取到最大值，最大值是多少？

(2) 在什么条件下 $P(AB)$ 取到最小值，最小值是多少？

疑难解析

练习题 11.2

1. 设有 100 件产品,其中有 5 件次品,现从中任取 50 件,求无次品的概率.

2. 袋子中有红、黄、白、蓝色球各一个,每次任取一个,有放回地抽取三次,求三个球颜色相同的概率.

3. 随机地将 15 名新生平均分配到三个班级中去,这 15 名新生中有 3 名是优秀生,问:每个班级分到一名优秀生的概率是多少?

4. 有 3 名女性,每人有同等的机会分配到 10 间房中的任一间,试求恰有 3 间房各有 1 人的概率.

练习题 11.3

1. 某种生物活到 10 岁的概率为 0.5,活到 15 岁的概率为 0.4,问现年 10 岁的该生物活到 15 岁的概率是多少?

2. 有一项任务,安排甲做的概率为 0.2,安排乙做的概率为 0.3,安排丙做的概率为 0.5.已知甲能按时完成任务的概率为 0.2,乙能按时完成任务的概率为 0.6,丙能按时完成任务的概率为 0.9,求这项任务能被按时完成的概率.

3. 电报信号由"＋"与"－"组成,设发报台传送"＋"与"－"之比为 3：2.由于通信系统存在干扰,易引起失真.传送"＋"时,失真的概率为 0.2(即发出"＋"而收到"－");传送"－"时,失真的概率为 0.1(即发出"－"而收到"＋").若收报台收到信号"＋",求发报台确实发出"＋"的概率.

4. 某保险公司把被保险人分为三类:"谨慎的""一般的"和"冒失的".统计资料表明,上述三种人在一年内发生事故的概率依次为 0.05,0.15 和 0.30.如果"谨慎的"被保险人占 20％,"一般的"占 50％,"冒失的"占 30％.(1)求一年内被保险人出事故的概率;(2)现知某被保险人在一年内出了事故,则他是"谨慎的"的概率是多少?

疑难解析

练习题 11.4

1. 设事件 A，B 独立，$P(A) = \dfrac{1}{3}$，$P(B) = \dfrac{3}{4}$，试求 $P(A \cup B)$，$P(A \mid A \cup B)$，$P(B \mid A \cup B)$.

2. 三人独立地破译某密码的概率分别为 $\dfrac{1}{5}$，$\dfrac{1}{3}$，$\dfrac{1}{4}$，求该密码被这三人破译的概率.

3. 甲、乙两人独立地对同一目标射击一次，其命中率分别为 0.8 和 0.7，现已知目标被击中，求它是甲射中的概率.

疑难解析

4. 甲、乙两选手进行乒乓球单打比赛，已知在每局中甲胜的概率为 0.6，乙胜的概率为 0.4.比赛可采用三局二胜制或五局三胜制，问哪一种比赛制度对甲更有利？

疑难解析

本章测试题

1. 单项选择题

(1) 假设事件 A 和 B 满足 $P(B \mid A) = 1$，则（ ）.

    A. A 是必然事件　　　　B. A，B 相互独立

    C. $A \subset B$ 　　　　　　D. $P(A\bar{B}) = 0$

(2) 设 $P(A) = a$，$P(B) = b$，$P(A \bigcup B) = c$，则 $P(A\bar{B})$ 为（ ）.

    A. $a - b$　　B. $c - b$　　　　C. $a(1-b)$　　D. $a(1-c)$

(3) 事件 A 与事件 B 相互独立的充要条件为（ ）.

    A. $A + B = \Omega$ 　　　　　　B. $P(AB) = P(A)P(B)$

    C. $AB = \varnothing$ 　　　　　　D. $P(A \bigcup B) = P(A)P(B)$

(4) 袋子中有 5 个球，其中 3 个新的，2 个旧的，从中取球，每次取一个，无放回地取两次，则第二次取到新球的概率是（ ）.

    A. 0.6　　B. 0.75　　　　C. 0.5　　　　D. 0.3

2. 计算题

(1) 设 $P(A) + P(B) = 0.7$，且 A，B 仅发生一个的概率为 0.5，求 A，B 都发生的概率.

(2) 一批晶体管共 40 只，其中 3 只是坏的，从中任取 5 只，求：

    ① 5 只全是好的概率；　　② 5 只中有 2 只是坏的的概率.

(3) 某袋子中装有 6 个红色、4 个白色外形相同的小球，每次从中作不放回取球，共 2 次，求：

    ① 第二次才取到红色球的概率；

    ② 取到两个红色球的概率.

(4) A、B、C 三人在同一办公室工作,房间有一部电话,据统计打电话给 A,B,C 的概率分别为 0.4,0.4,0.2.他们三人常因工作外出,A,B,C 三人外出的概率分别为 0.5,0.25,0.25,设三人的行动相互独立.

① 求无人接电话的概率;

② 求被呼叫人在办公室的概率;

若某一时间打进 3 个电话,求:

③ 这 3 个电话打给同一人的概率;

④ 这 3 个电话打给不同人的概率;

⑤ 这 3 个电话都打给 B 的条件下,而 B 却不在的条件概率.

③ 碰到(1)班男生的概率;

④ 碰到免修英语的男生的概率.

(6) 如图所示,设构成系统的每个电子管的可靠性都等于 p $(0 < p < 1)$,并且每个电子管能否工作是相互独立的,求系统(1)及系统(2)的可靠性,并比较它们的大小.

(1)   (2)

第(6)题

(5) 全年级 100 名学生中有男生 80 名,来自(1)班的 20 名学生中有男生 12 名,免修英语的 40 名学生中有男生 32 名,求:

① 碰到男生情况下不是(1)班男生的概率;

② 碰到来自(1)班学生情况下是一名男生的概率;

第12章
随机变量及其概率分布和数字特征

练习题 12.2

1. 设离散型随机变量 X 的概率分布为

$$P(X=k)=C\left(\frac{2}{3}\right)^k, \quad k=0, 1, 2, 3.$$

试求：(1) C 的数值；(2) $P(1 \leqslant X \leqslant 2)$ 与 $P(0 < X < 2.5)$.

2. 设一盒中有 5 张卡片，编号为 1，2，3，4，5，等可能地从盒中任取 3 张，用 X 表示取到卡片的最大号码，求随机变量 X 的分布及其分布函数.

3. 某电信局一电话总机每分钟收到呼唤的次数服从参数为 4 的泊松分布.求：

(1) 某一分钟恰好有 8 次呼唤的概率；

(2) 某一分钟的呼唤次数大于 3 的概率.

4. 设事件 A 在每次试验中发生的概率为 0.3，当 A 发生不少于 3 次时，指示灯发出信号，求：

(1) 进行 5 次独立试验，指示灯发出信号的概率；

(2) 进行 7 次独立试验，指示灯发出信号的概率.

5. 某种药品的过敏概率为 0.000 1，今有 20 000 人使用此药品，求此 20 000 人中发生过敏反应的人数不超过 3 个的概率.

疑难解析

 练习题 12.3

1. (柯西分布)设随机变量 X 的分布函数为

$$F(x) = A + B \arctan x, \quad -\infty < x < +\infty.$$

求系数 A 和 B.

2. 设随机变量 X 的分布律为

X	-1	0	1
P	0.3	0.4	0.3

求：(1) $P(0 \leqslant X < 1)$；(2) 随机变量 X 的分布函数.

练习题 12.4

1. 设连续型随机变量 X 的分布函数为：

疑难解析

$$F(x)=\begin{cases} 0, & x<0, \\ Ax^2, & 0\leqslant x<1, \\ 1, & x\geqslant 1. \end{cases}$$

求:(1) 系数 A;(2) 密度函数 $f(x)$;(3) $P(0.3<X<0.7)$.

2. 某设备无故障工作时间 X 服从参数为 2 的指数分布即 $X\sim E(2)$,求此设备在已经无故障工作 8 小时的情况下,还能无故障运行 8 小时以上的概率.

3. 设随机变量 X 服从正态分布 $N(3,4)$,求：
(1) $P(2<X<5)$; (2) $P(-4\leqslant X\leqslant 10)$;
(3) $P(|X|>2)$; (4) $P(X>3)$;
(5) 常数 C,满足 $P(X>C)=P(X\leqslant C)$.

拓展练习

练习题 12.5

1. 若 $X\sim U\left(-\dfrac{\pi}{2},\dfrac{\pi}{2}\right)$,$Y=\tan X$,求 Y 的概率密度 $f_Y(y)$.

练习题 12.6

1. 设离散型随机变量 X 的分布律为：

X	-2	-1	0	1	2
P	$\dfrac{1}{16}$	$\dfrac{2}{16}$	$\dfrac{3}{16}$	$\dfrac{2}{16}$	$\dfrac{8}{16}$

求 X 的期望与方差.

2. 设离散型随机变量 X 的分布律为：

X	-2	0	2
P	0.4	0.3	0.3

求：(1) $E(X)$，$D(X)$；(2) $E(X^2)$；(3) $E(3X^2+5)$.

3. 已知随机变量 X 的分布函数为

$$F(x)=\begin{cases} 0, & x<0, \\ \dfrac{x}{4}, & 0\leqslant x<4, \\ 1, & x\geqslant 4, \end{cases}$$

求：$E(X)$，$D(X)$.

4. X 和 Y 为两个相互独立的随机变量，满足 $D(X)=4$，$D(Y)=2$，分别求 $D(3X)$，$D(2Y)$，$D(3X-2Y)$ 的值.

本章测试题

1. 单项选择题

(1) 设随机变量 $X \sim N(0, 1)$，X 的分布函数为 $\Phi(x)$，则 $P(|X| > 2)$ 的值为（　　）.

    A. $2[1 - \Phi(2)]$

    B. $2\Phi(2) - 1$

    C. $2 - \Phi(2)$

    D. $1 - 2\Phi(2)$

(2) 设连续型随机变量 X 的概率密度函数和分布函数分别为 $f(x)$ 和 $F(x)$，则下列表达式中不正确的是（　　）.

    A. $0 \leqslant f(x) \leqslant 1$

    B. $0 \leqslant F(x) \leqslant 1$

    C. $f(x) = P\{X = x\}$

    D. $F(x) = P\{X \leqslant x\}$

(3) 设随机变量 $X \sim N(1, 1)$，概率密度函数为 $f(x)$，分布函数为 $F(x)$，则（　　）.

    A. $P(X \leqslant 0) = P(X \geqslant 0) = 0.5$

    B. $f(x) = f(-x)$，$x \in (-\infty, +\infty)$

    C. $P(X \leqslant 1) = P(X \geqslant 1) = 0.5$

    D. $F(x) = F(-x)$，$x \in (-\infty, +\infty)$

(4) 假设随机变量 X，Y 的数学期望与方差均存在且相互独立，则下列选项中错误的是（　　）.

    A. $E(X + Y) = E(X) + E(Y)$

    B. $E(XY) = E(X) \cdot E(Y)$

    C. $D(X + Y) = D(X) + D(Y)$

    D. $D(XY) = D(X) \cdot D(Y)$

(5) 设 X 为随机变量，若已知 $E(X) = 2$，$D(2X) = 16$，则 $E[(X - 2)^2] = ($　　$)$.

    A. 8　　　　B. 4　　　　C. 2　　　　D. 0

(6) 近年来，大国重器、超级工程、科技成就的背后都离不开技艺高超、精益求精的大国工匠们默默付出、孜孜以求. 某地区机械厂为倡导"大国工匠精神"，提高对机器零件的品质要求，对现有产品进行抽检，由抽检结果可知，若该厂机器零件的质量指标值 Z 服从正态分布 $N(200, 224)$，则（　　）.

思考题

（附：$\sqrt{224} \approx 14.97$，若 $Z \sim N(\mu, \sigma^2)$，则 $P(\mu - \sigma < Z < \mu + \sigma) \approx 0.682\,6$，$P(\mu - 2\sigma < Z < \mu + 2\sigma) \approx 0.954\,6$）

    A. $P(185.03 < Z < 200) \approx 0.682\,6$

    B. $P(200 < Z < 229.94) \approx 0.477\,3$

    C. $P(185.03 < Z < 229.94) \approx 0.954\,6$

    D. 任取 10\,000 件机器零件，其质量指标值 Z 位于区间 $(185.03, 229.94)$ 内的件数约为 9\,546

2. 填空题

(1) 设随机变量 X 的分布律为 $P(X = k) = \dfrac{c}{2^k}$，$k = 0, 1, 2, 3$，则 $c = $ _____.

(2) 若随机变量 $X \sim N(3, \sigma^2)$，且 $P\{2 < X < 4\} = 0.3$，则 $P\{X \leqslant 2\} = $ _____.

（3）已知随机变量 $X \sim N(0, 1)$，则随机变量 $2X-1$ 的方差
$D(2X-1) = $ _____．

（4）设随机变量 X 服从泊松分布即 $X \sim P(\lambda)$，已知 $P\{X=3\} = 2P\{X=4\}$，则 $\lambda = $ _____．

3. 计算题

（1）设连续型随机变量 X 的概率密度函数

$$f(x) = \begin{cases} \dfrac{1}{6}x, & 0 \leqslant x < 3, \\ k - \dfrac{x}{2}, & 3 \leqslant x < 4, \\ 0, & \text{其他．} \end{cases}$$

求常数 k 和 $P\{2 < X < 6\}$．

（2）随机变量 X 的概率密度为

$$f(x) = \begin{cases} \dfrac{C}{\sqrt{1-x^2}}, & |x| < 1, \\ 0, & \text{其他．} \end{cases}$$

求常数 C 和随机变量 X 落在 $\left(-\dfrac{1}{2}, \dfrac{1}{2}\right)$ 内的概率．

（3）已知随机变量 X 的密度函数为

拓展练习

$$f(x)=\begin{cases} ax^2+bx+c, & 0\leqslant x\leqslant 1, \\ 0, & \text{其他.} \end{cases}$$

若 $E(X)=0.5$，$D(X)=0.15$，求常数 a，b，c.

（4）已知随机变量 X 的分布律为：

X	0	1	2	3	4
P	1/3	1/6	1/6	1/12	1/4

求 $E(X)$，$D(X)$ 及 $E(-2X+1)$.

（5）设连续型随机变量 X 的概率密度函数为

$$f(x)=\begin{cases} x, & 0\leqslant x<1, \\ 2-x, & 1\leqslant x<2, \\ 0, & 其他. \end{cases}$$

求 X 的期望与方差.

（6）设随机变量 X 和 Y 相互独立且满足 $X\sim E(2)$，$Y\sim N(1,3)$. 试求 $Z=2X-Y+3$ 的期望与方差.

第 13 章
数理统计初步

 练习题 13.1

1. 为了解某市某专业毕业生的就业情况,调查了 100 名该专业毕业生实习期满后的月薪情况,问:研究的总体是什么? 样本是什么? 样本容量是多少?

2. 某品牌袋装糖果重量的标准是 (500 ± 5)g. 为了检验该产品的重量是否符合标准,现从某日生产的这种糖果中随机抽查 10 袋,测得平均每袋重量为 498 g.下列说法中错误的是( ).

    A. 样本容量为 10

    B. 抽样误差为 2 g

    C. 样本平均每袋重量是统计量

    D. 498 g 是估计值

3. 设总体均值为 100,总体方差为 25,在大样本情况下,无论总体的分布形式如何,样本平均值的分布都是服从或近似服从( ).

    A. $N(100/n, 25)$ B. $N(100, 5/\sqrt{n})$

    C. $N(100, 25/n)$ D. $N(100, 25/\sqrt{n})$

4. 已知 $X \sim N(\mu, \sigma^2)$,其中 μ,σ^2 均未知,已知有样本 X_1, X_2, $\cdots$, X_n,以下样本函数中,不是统计量的是( ).

    A. $(\bar{X}-10)/\sigma$ B. $\min(X_1, X_2, \cdots, X_n)$

    C. $X_{n-1} - 10$ D. $T_1 = X_1$

5. 设总体 $X \sim N(61, 4.9)$,从 X 中抽取容量为 10 的样本,求样本均值小于 60 的概率.

疑难解析

 练习题 13.2

1. 一批产品的质量 $X \sim N(\mu, \sigma^2)$，从中抽取 10 件样品，测得质量（单位:g）如下：

　49.7, 50.9, 50.6, 51.8, 52.4, 48.8, 51.1, 51.0, 51.5, 51.2,
试估计此批产品质量的均值 μ 和方差 σ.

2. 设 $X_1, X_2, \cdots, X_n$ 是来自参数为 λ 的泊松分布总体 X 的一个样本，求 λ 的矩估计和最大似然估计量.

疑难解析

3. 设 $X_1, X_2, \cdots, X_n$ 是来自总体 X 的一个样本.

(1) 证明：$\hat{\mu}_1 = X_1$，$\hat{\mu}_2 = \dfrac{X_1 + X_2}{2}$，$\hat{\mu}_3 = \bar{X}$ 都是 μ 的无偏估计;

(2) 比较上述三个无偏估计哪个最有效?

练习题 13.3

1. 已知总体服从正态分布,即 $X \sim N(\mu, \sigma^2)$,利用下面的信息,求总体均值 μ 的置信区间. 疑难解析

   (1) 已知 $\sigma = 500$,$n = 35$,$\bar{x} = 8\,900$,置信水平为 95%;

   (2) σ 未知,$n = 35$,$\bar{x} = 8\,900$,$s = 500$,置信水平为 95%.

2. 某厂生产钢丝的抗拉强度 $X \sim N(\mu, \sigma^2)$,其中 μ,σ^2 均未知,现任取 9 根钢丝,测得其抗拉强度(单位:Pa)为

   596,572,570,584,578,574,568,578,582.

   分别求总体方差 σ^2,均方差 σ 的置信水平为 99% 的置信区间.

练习题 13.4

1. 设 α 和 β 分别是第 I 类、第 II 类错误的概率，H_0 和 H_1 分别表示原假设和备择假设，则 $P\{H_0$ 不真接受 $H_0\}=$ _____，$P\{H_0$ 为真拒绝 $H_0\}=$ _____，$P\{H_0$ 不真拒绝 $H_0\}=$ _____，$P\{H_0$ 为真接受 $H_0\}=$ _____.

思考题

2. 某天需检验自动包装机是否正常工作，根据经验，其包装质量在正常情况下服从正态分布 $N(100, 1.5^2)$，现抽测了 10 包，其质量（单位:kg）为

99.3，98.7，100.5，101.2，98.3，99.7，99.5，102，100.5，99.6.

在显著性水平 $\alpha=0.05$ 下，该包装机是否正常工作？

本章测试题

1. 单项选择题

(1) X_1，X_2，X_3 是来自总体 X 的样本，λ 是未知参数，则下列哪一个是统计量（   ）.

  A. $X_1 + \lambda X_2 + X_3$ B. $X_1 X_2 X_3$

  C. $\lambda X_1 X_2 X_3$ D. $\frac{1}{3} \sum_{i=1}^{3} (X_i - \lambda)^2$

(2) 设 z_α 是标准正态分布的上侧 α 分位数，则下列结论中正确的是（   ）.

  A. $z_\alpha = z_{1-\alpha}$ B. $z_\alpha = -z_{-\alpha}$ C. $z_{0.5} = 0$ D. $z_0 = 0$

(3) 设总体 $X \sim N(1, 36)$，则容量为 6 的样本均值 $\bar{X}$ 服从的分布为（   ）.

  A. $N(0, 1)$ B. $N(1, 1)$ C. $N(1, 36)$ D. $N(1, 6)$

(4) 设总体 X 服从参数为 λ（$\lambda > 0$）的泊松分布，X_1，$\cdots$，X_n 为 X 的一个样本，且样本均值 $\bar{X} = 5$，则 λ 的矩估计值 $\hat{\lambda} = $（   ）.

  A. 5   B. $\frac{1}{5}$ C. 10   D. 1

(5) 设总体 X 服从均匀分布，$X \sim U(0, \theta]$，$\theta > 0$ 且为未知参数，X_1，$\cdots$，X_n 为 X 的一个样本，则 θ 的最大似然估计量为（   ）.

疑难解析

  A. $\max\{X_1, \cdots, X_n\}$

  B. $\min\{X_1, \cdots, X_n\}$

  C. $\bar{X} = \frac{1}{n} \sum_{i=1}^{n} X_i$

  D. $\frac{1}{n} \sum_{i=1}^{n} X_i^2$

(6) 设总体 $X \sim N(\mu, 36)$，其中 μ 为未知参数，X_1，X_2，X_3 是来自总体 X 的样本，下面哪一个为 μ 的无偏估计量（   ）.

  A. $\frac{1}{5} X_1 + \frac{1}{5} X_2 + \frac{2}{5} X_3$ B. $\frac{1}{4} X_1 - \frac{1}{4} X_2 + \frac{3}{4} X_3$

  C. $\frac{4}{5} X_1 + \frac{1}{5} X_2$ D. $\frac{1}{3} X_1 + \frac{1}{3} X_2 + \frac{1}{3} X_3$

(7) 设 X_1，X_2，$\cdots$，X_n 是来自正态总体 $X \sim N(\mu, \sigma^2)$ 的一个样本，其中 μ，σ^2 均已知，对于假设检验 $H_0: \mu = \mu_0$，$H_1: \mu \neq \mu_0$，应选取的统计量是（   ）.

  A. $\dfrac{\bar{X} - \mu_0}{S / \sqrt{n}}$ B. $\dfrac{\bar{X} - \mu_0}{\sigma / \sqrt{n}}$

  C. $\dfrac{\bar{X} - \mu_0}{S / \sqrt{n-1}}$ D. $\dfrac{\bar{X} - \mu_0}{\sigma / \sqrt{n-1}}$

(8) 在假设检验中，原假设为 H_0，备择假设为 H_1，犯第 I 类错误的是（   ）.

  A. H_1 不真，接受 H_1 B. H_1 不真，接受 H_0

  C. H_0 不真，接受 H_1 D. H_0 为真，拒绝 H_0

2. 填空题

(1) 设总体 $X \sim N(\mu, \sigma^2)$，X_1，X_2，$\cdots$，X_8 是来自总体 X 的一个样本，$\bar{X}$ 和 S^2 分别为样本均值和样本方差，则 $\dfrac{\bar{X} - \mu_0}{\sigma / \sqrt{n}} \sim$

_____，$\dfrac{\bar{X} - \mu_0}{S / \sqrt{n}} \sim$_____.

(2) 设总体 $X \sim P(\lambda)$，$\lambda > 0$ 为未知参数，样本观测值 0.3，0.78，0.29，0.37，0.60，0.57，则 λ 的矩估计值为_____.

(3) 设 X_1，X_2 是来自总体 $X \sim N(\mu, \sigma^2)$ 的样本，已知 $3X_1 + kX_2$ 是 μ 的一个无偏估计，则 k 的值为 _____．

(4) Z 检验和 t 检验都是关于 _____ 的假设检验．当方差 _____ 时，用 Z 检验，当方差 _____ 时，用 t 检验．

(5) 设总体 $X \sim N(\mu, \sigma^2)$，μ，σ^2 未知，$X_1, \cdots, X_n$ 是来自总体 X 的样本，记 $\bar{X} = \dfrac{1}{n}\sum_{i=1}^{n} X_i$，$S^2 = \dfrac{1}{n-1}\sum_{i=1}^{n}(X_i - \bar{X})^2$，则对于假设检验 $H_0: \mu = \mu_0$，$H_1: \mu \neq \mu_0$，使用的统计量为 _____，其拒绝域为 _____．

(6) 设有来自总体 $N(\mu, 0.9^2)$ 的容量为 9 的样本，其样本均值为 $\bar{x} = 5$，则 μ 的置信水平为 95% 的置信区间为 _____．

3. 一批产品的重量 $X \sim N(\mu, \sigma^2)$，从中任意抽取 10 件，测得重量（单位：g）如下：

   49，50.9，50.3，51.5，52.4，48.9，51.1，51.6，51.0，51.2，

求：

(1) 总体均值 μ 和总体方差 σ^2 的最大似然估计；

(2) 总体均值 μ 和总体方差 σ^2 的置信水平为 90% 的置信区间．

4. 正常情况下，某种机器生产的产品重量 $X \sim N(50, 1.2^2)$，现需要检验该机器是否正常工作，从中任意抽取 10 件，测得重量（单位：g）如下：

   49，50.9，50.3，51.5，52.4，48.9，51.1，51.6，51.0，51.2，

问：在显著性水平 $\alpha = 0.05$ 下，该机器是否正常工作？

第14章
二元关系与数理逻辑

 练习题 14.1

1. 已知 $A = \{\varnothing, 1, \{1\}, \{2\}, \{\{2\}\}, \{1,2\}\}$，判断下列哪些表述是正确的.

①$\{2\} \in A$；　②$\{2\} \subset A$；　③$\{\{2\}\} \in A$；　④$\{\{2\}\} \subset A$；

⑤$\{1,2\} \in A$；　⑥$\{1,2\} \subset A$.

2. 若 $A = \{1, \{2\}, 3\}$，求 $\rho(A)$.

3. 已知 $A = \{1, 2, 3, 4, 5, 6, 7\}$，$B = \{2, 4, 5, 8\}$，求 $A \bigcup B$、$A \bigcap B$、$A - B$.

4. 已知 $E = \mathbf{R}$，$A = \{x \mid -1 < x < 3\}$，$B = \{x \mid -2 \leqslant x \leqslant 2\}$，求 $A \bigcap B$，$A \bigcup B$ 和 $A - B$.

6. 化简 $(A \bigcup ((B \bigcup C) \bigcap A)) - ((A \bigcap B) \bigcup C) \bigcap (A \bigcap B)$.

疑难解析

5. 证明下列集合等式.

(1) $A \bigcup (B - (B - A)) = A$；

(2) $(A - B) \bigcup (A - C) = A - B \bigcap C$.

练习题 14.2

1. 已知 $A = \{a, b\}$，$B = \{0, 1, 2\}$，求 $A \times B$，$B \times A$，$A \times A$，$B \times B$.

2. 已知 $A = \{1, 2, 3, 4, 5\}$，定义 A 上的关系 R_1 和 R_2，其中：

疑难解析

$$R_1 = \{\langle x, y \rangle \mid x, y \in A, x + y = 6\},$$
$$R_2 = \{\langle x, y \rangle \mid x, y \in A, y = x + 2 \text{ 或 } x = 2y\}.$$

求关系 R_1 和 R_2，并写出 R_1 和 R_2 的关系矩阵，画出相应的关系图.

3. 已知 $A = \{1, 2, 3, 4, 5\}$，定义 A 上的关系 R：

$$R = \{\langle x, y \rangle \mid x, y \in A, \text{且} (x - y)/2 \text{ 是整数}\}.$$

判断 R 是否为等价关系；若是，求出其等价类.

4. 已知 A 上的关系 R 为等价关系，且等价类为 $\{1, 3\}$、$\{2, 5, 6\}$、$\{4\}$，求关系 R.

 练习题 14.3

1. 判断下列语句是否为命题；若是，求出其真值.

(1) 今天天气真冷.

(2) 请跟我来.

(3) 我不说真话.

(4) 我只知道一件事，那就是我什么都不知道.

2. 将下列命题符号化.

(1) 我坐下午 3 点或 5 点的汽车去南京.

(2) 如果你在，他是否演唱就取决于你是否伴奏了.

(3) 生命不息，战斗不止.

3. 指定解释 $\{P, Q, R\} = \{1, 1, 0\}$，求公式真值.

(1) $(P \wedge Q) \vee R \leftrightarrow R$；

(2) $(P \rightarrow Q) \wedge (P \rightarrow R)$.

4. 利用真值表判断下列公式是永真式？永假式？可满足式？

(1) $P \wedge Q \rightarrow P$；

(2) $(P \wedge Q) \vee R \leftrightarrow P \vee Q$；

(3) $(P \rightarrow Q) \wedge (Q \rightarrow P)$.

练习题 14.4

1. 利用真值表证明下列式子.

   (1) $Q, P \rightarrow \neg Q \Rightarrow \neg P$;

   (2) $P \rightarrow Q, Q \rightarrow R \Rightarrow P \rightarrow R$.

2. 证明下列式子.

   (1) $P \rightarrow (Q \vee R) = (P \wedge \neg Q) \rightarrow R$;

   (2) $\{P \rightarrow Q, \neg R \rightarrow P, \neg Q\} \Rightarrow R$.

3. 某公安人员审查一件盗窃案,已知的事实如下:

   (1) 甲或乙盗窃了电视机;

   (2) 若甲盗窃了电视机,则作案时间不能发生在午夜前;

   (3) 若乙的供词正确,则午夜时屋里灯光未灭;

   (4) 若乙的供词不正确,则作案时间发生在午夜之前;

   (5) 午夜时屋里的灯光灭了;

   (6) 甲正准备结婚且甲不富裕.

   试用形式演绎的方法,确定是谁盗窃了电视机.

疑难解析

4. 证明:$\{T, P \rightarrow R, Q \rightarrow S, T \rightarrow \neg S, Q \vee \neg R\} \Rightarrow \neg P$.

练习题 14.5

1. 将下列命题写成谓词公式.

(1) 任何整数或是正或是负.

(2) 有某些实数是有理数.

(3) 这栋大楼建成了.

2. 已知解释如下：

(1) 个体域 $D = \{-2, 3, 6\}$.

(2) 谓词 $F(x): x \leqslant 3; G(x): x > 5; R(x): x \leqslant 7$.

求以下公式的真值：

① $\forall x(F(x) \wedge G(x))$;

② $\forall x(R(x) \rightarrow F(x)) \vee G(3)$;

③ $\exists x(F(x) \vee G(x))$.

本章测试题

1. 单项选择题

(1) 已知集合 $A=\{\varnothing,1,\{1\},2,\{2,3\}\}$，下列表述中错误的是(　　).

　　A. $\varnothing \in A$ 　　　　　　　　　B. $\{\varnothing\} \in A$

　　C. $1 \in A$ 　　　　　　　　　　D. $\{2,3\} \in A$

(2) 已知 $A=\{1,2,3\}$，A 上的关系 $R=\{\langle 1,1\rangle,\langle 1,2\rangle,\langle 2,2\rangle,\langle 3,1\rangle\}$ 满足(　　).

　　A. 自反性 　　　　　　　　B. 对称性

　　C. 反对称性 　　　　　　　D. 传递性

(3) 以下几个选项,不是命题的是(　　).

　　A. 如果今天不下雨,那么我下午就去公园放风筝.

　　B. 我是生物系大一新生.

　　C. 北京是一个大城市.

　　D. 我不说真话.

(4) 已知命题公式 $P \wedge \neg P$ 满足(　　).

　　A. 永真式 　　　　　　　　B. 永假式

　　C. 可满足式 　　　　　　　D. 以上均不对

2. 填空题

(1) 已知 $A=\{1,a\}$,则 $\rho(A)=$ _____.

(2) 已知 $A=\{1,2,3,4,5\}$,$B=\{2,4,6,8\}$,则 $A \bigcap B=$ _____.

(3) 若 $\langle 2,a-b\rangle=\langle a+b,4\rangle$,则 $a=$ _____,$b=$ _____.

(4) 已知 $A=\{1,2,3\}$,若 $R=\{\langle x,y\rangle \mid x,y \in A,x+y=4\}$,则 $R=$ _____.

(5) 上题中 R 的关系矩阵为 _____.

(6) 命题 P:空间中的任意三点可以唯一确定一个平面,则命题 P 的真值为 _____.

(7) 假设命题 P:你今天有空.Q:我请你吃饭.则"如果你今天有空,那么我就请你吃饭."可表示为 _____.

(8) 已知谓词的个体域为 $\{0,1\}$,则 $\forall x P(x)$ 消去量词后为 _____.

3. 解答题

(1) 已知 $E=\{a,b,c,d,e,f,g,h\}$,$A=\{a,c,e,g\}$,$B=\{b,c,d,e\}$,求 $A \bigcup B$,$A \bigcap B$,$A-B$ 和 $\bar{A}$.

(2) 已知 $A=\{x \mid 6$ 的因子,$x>0\}$,$B=\{x \mid 2$ 和 4 的公因子,$x>0\}$,求 $A \times B$,$B \times A$,$A \times A$ 和 $B \times B$.

（3）已知 $A=\{1,2,3,4,5\}$，$B=\{2,4,6,8,10\}$，从 A 到 B 的关系 $R=\{\langle x,y\rangle \mid x\in A,y\in B,x$ 整除 $y\}$，求关系 R，并画出关系图和关系矩阵.

（4）已知 $A=\{a,b,c,d,e\}$，定义 A 上的关系 R：

$$R=I_A U\{\langle a,c\rangle,\langle b,d\rangle,\langle b,e\rangle,\langle c,a\rangle,\langle d,b\rangle,$$
$$\langle d,e\rangle,\langle e,b\rangle,\langle e,d\rangle\}.$$

判断 R 是否为等价关系；若是，求出其等价类.

（5）已知 A 上的关系 R 为等价关系，且等价类为 $\{a,b\}$、$\{c,d\}$、$\{e\}$，求关系 R，并画出 R 的关系图，写出 R 的关系矩阵.

（6）在命题逻辑中将下列命题符号化：
① 小王现在在宿舍或在图书馆.
② 李明是信息系学生，他住在 312 宿舍或 313 宿舍.

③ 除非天气好,否则我是不会去公园的.

（7）证明下列式子：
① $P\vee(\neg P\wedge Q)\Rightarrow P\vee Q$.
② $\neg(A\leftrightarrow B)=(A\vee B)\wedge(\neg A\vee\neg B)$.

（8）证明 $\{A\vee B,A\to\neg C,D\to E,\neg D\to C,\neg E\}\Rightarrow B$.

疑难解析

第 15 章
图论基础

 练习题 15.1

1. 画出下列各图的图形,并指出哪个是有向图、无向图、混合图、多重图、线图和简单图:

$G_1 = \langle \{a, b, c, d, e\}, \{(a,b), (a,c), (d,e), (d,d), (b,c), (a,d), (b,a)\} \rangle$;

$G_2 = \langle \{a, b, c, d, e\}, \{\langle a,b\rangle, \langle b,c\rangle, \langle a,c\rangle, \langle d,a\rangle, \langle d,e\rangle, \langle d,d\rangle, \langle a,e\rangle\} \rangle$;

$G_3 = \langle \{a, b, c, d, e\}, \{(a,b), (a,c), \langle d,e\rangle, \langle b,e\rangle, \langle e,d\rangle, \langle b,c\rangle\} \rangle$.

2. 根据第 1 题,求出各图的结点的度数.若为有向图,请求出结点的入度和出度.

3. 画出三个点的全部有向图(同构的算一个).

疑难解析

4. 画出 K_4 的所有边数大于等于 4 的生成子图(同构的算一个).

6. 求下面各图中的结点数.

(1) 16 条边,每个结点的度数均为 2;

(2) 21 条边,3 个度数为 4 的结点,其余结点的度数均为 3;

(3) 24 条边,每个结点的度数均相同.

疑难解析

5. 设无向图 G 有 12 条边,已知 G 中度数是 3 的结点有 6 个,其余结点的度数均小于 3.问 G 中至少有多少个结点? 为什么?

练习题 15.2

1. 如图(a)所示,试求:

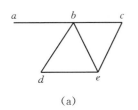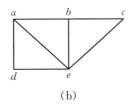

(a)   (b)

第1题

(1) 从 a 到 c 的所有迹及其长度;

(2) 从 a 到 c 的所有路及其长度;

(3) 所有回路.

2. 画出 K_5 的非同构的连通的无回路的生成子图.

3. 根据第 1 题,求:

(1) 图(a)的割点、割边;

(2) 图(b)的点连通度与边连通度.

4. 设已知下列事实:

疑难解析

(1) 会讲英语;

(2) 会讲法语和英语;

(3) 会讲英语、意大利语和俄语;

(4) 会讲日语和法语;

(5) 会讲德语和意大利语;

(6) 会讲法语、日语和俄语;

(7) 会讲法语和德语.

试问这 7 个人中,是否任意两人都能交谈(必要时可借助于其余 5 人组成的译员链).

 练习题 15.3

1. 设有向图 D 如图（a）所示.

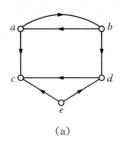

（a）

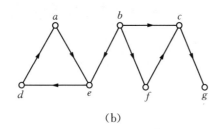

（b）

第 1 题

（1）求每个结点的入度和出度.

（2）求所有从 a 到 c 长度小于或等于 3 的通道.

（3）D 是强连通、单向连通还是弱连通？

2. 判断各图的连通性.

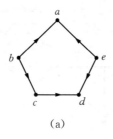

（a）

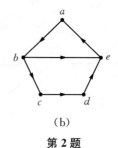

（b）

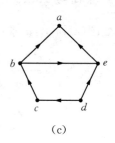

（c）

第 2 题

3. 根据第 1 题，求图（b）所示的有向图的强分图、单向分图和弱分图.

4. 求下图所示的有向图的强分图、单向分图和弱分图.

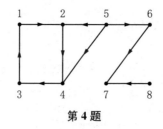

第 4 题

练习题 15.4

1. 写出下图对应的邻接矩阵与关联矩阵.

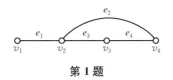

第 1 题

2. 无向图 G 的邻接矩阵为

$$A = \begin{pmatrix} 0 & 0 & 1 & 1 & 1 & 0 \\ 0 & 0 & 0 & 0 & 1 & 1 \\ 1 & 0 & 0 & 1 & 0 & 0 \\ 1 & 0 & 1 & 0 & 1 & 0 \\ 1 & 1 & 0 & 1 & 0 & 0 \\ 0 & 1 & 0 & 0 & 0 & 0 \end{pmatrix}.$$

(1) 根据邻接矩阵画出图；

(2) 列出 G 的所有回路；

(3) 求出 G 的补图 $\bar{G}$ 的邻接矩阵.

3. 写出下图对应的邻接矩阵与关联矩阵.

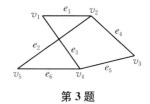

第 3 题

 练习题 15.5

1. 设 D 是具有四个结点 v_1，v_2，v_3，v_4 的有向图,它的邻接矩阵是

$$A = \begin{pmatrix} 0 & 1 & 1 & 1 \\ 0 & 0 & 1 & 0 \\ 1 & 1 & 0 & 1 \\ 1 & 0 & 0 & 0 \end{pmatrix}.$$

（1）画出这个图；

（2）D 是单向连通还是强连通？

（3）求出从 v_1 到 v_1 长度为 3 的回路数以及从 v_1 到 v_2、v_1 到 v_3、v_1 到 v_4 长度为 3 的通道数.

2. 给出一有向图,求它的邻接矩阵、关联矩阵及可达性矩阵,并说明 3 个矩阵中第 2 行第 3 列元素的含义.

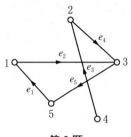

第 2 题

3. 求出下图中有向图的邻接矩阵和关联矩阵.

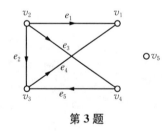

第 3 题

练习题 15.6

1. 判断下列命题是否为真.

(1) 完全图 $K_n(n \geqslant 3)$ 都是欧拉图.

(2) $n(n \geqslant 2)$ 个结点的有向完全图都是欧拉图.

(3) $2k$－正则图 $(k \geqslant 1)$ 都是欧拉图.

(4) 完全图 $K_n(n \geqslant 3)$ 都是哈密顿图.

2. 如下四个图,哪些是哈密顿图,哪些不是? 哪些有哈密顿路,哪些没有? 说明原因.

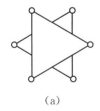 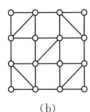 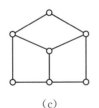 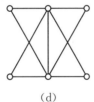

　　(a)　　　　　(b)　　　　　(c)　　　　　(d)

第 2 题

3. 分别画一个满足下列要求的具有 5 个点的无向简单图.

(1) 不是欧拉图,也不是哈密顿图.

(2) 是欧拉图,但不是哈密顿图.

(3) 不是欧拉图,但是哈密顿图.

(4) 既是欧拉图,也是哈密顿图.

练习题 15.7

1. 画出所有不同构的 7 个结点的树.

2. 找出图(a)中所有不同构的生成树.

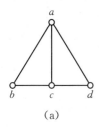 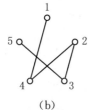 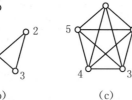

(a)　　　　　(b)　　　　　(c)

第 2 题

3. 根据第 2 题,图(b)是图(c)的生成树,设其为 T.求:

(1) T 的所有弦;

(2) 所有相对于 T 的基本回路.

4. 无向图 G 具有生成树,当且仅当_____.若 G 连通是 (n, m) 图,要确定 G 的一棵生成树 T,必须删去 G 的_____条边,相对于 T 的基本回路有_____条.

5. 设 $D = \langle V, E \rangle$ 是 n 个结点的有向树,则 D 的总度数是_____,总出度是_____,总入度是_____.

本章测试题

1. 设无向图 $G=\langle V,E\rangle$ 的结点集和边集分别为 $V=\{v_1,v_2,v_3,v_4,v_5\}$，$E=\{(v_1,v_2),(v_2,v_3),(v_3,v_1),(v_1,v_5),(v_5,v_4),(v_3,v_4)\}$.

(1) 画出 G 的图形，指出与 v_3 邻接的点，以及与 v_3 关联的边.

(2) 指出与边 (v_1,v_2) 邻接的边，以及与边 (v_1,v_2) 关联的结点.

(3) 该图是否有孤立点？

(4) 求出各结点的度数.

(5) 判断是不是完全图和连通图.

(6) 画出 G 的补图 $\bar{G}$.

(7) 写出 G 的邻接矩阵和关联矩阵.

疑难解析

2. 对无向完全图 K_4，试问：

(1) 有多少个生成子图？

(2) 有多少个连通生成子图？

(3) 有多少个不同构的生成树？

(4) 有多少条不同的回路？

(5) 正则生成子图有几个？

(6) 点、边连通度各是多少？

3. 给定有向图 $D=\langle V,E\rangle$，如下图所示.

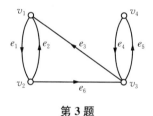

第 3 题

(1) 此图是强、单向、弱连通，还是非连通？

(2) 写出 D 的邻接矩阵、关联矩阵和可达性矩阵.

(3) 画出 D 的补图 $\bar{D}$.

4. 下列各图中：

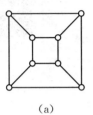 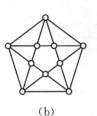 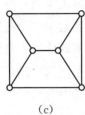 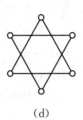

(a)　　　　　(b)　　　　　(c)　　　　　(d)

第 4 题

(1) 哪些是欧拉图，哪些不是？

(2) 哪些能一笔画，哪些不能？

(3) 哪些是哈密顿图，哪些不是？

(4) 哪些有哈密顿路，哪些没有？

5. 在具有 n 个结点的无向完全图 K_n 中，需要删去多少条边才能得到树？

6. 试用有序树描述代数式 $(a-b)/c+d(e-f/g)$，其中"/"表示"÷".

习题集参考答案

第 1 章习题答案

第 2 章习题答案

第 3 章习题答案

第 4 章习题答案

第 5 章习题答案

第 6 章习题答案

第 7 章习题答案

第 8 章习题答案

第 9 章习题答案

第 10 章习题答案

第 11 章习题答案

第 12 章习题答案

第 13 章习题答案

第 14 章习题答案

第 15 章习题答案